Colección **+** Otra
Dirigida por José María Álvarez,
Juan de la Peña y Kepa Matilla

INCONSCIENTE 3.0

Lo que hacemos con las tecnologías y lo que las tecnologías hacen con nosotros

GUSTAVO DESSAL

Prólogo de Javier Peteiro Cartelle

Epílogo de Juan de la Peña

Colección + Otra

Créditos

Colección + Otra
Dirigida por José María Álvarez, Juan de la Peña y Kepa Matilla

Título original:
Inconsciente 3.0 - Lo que hacemos con las tecnologías y lo que las tecnologías hacen con nosotros

2ª edición revisada
© Gustavo Dessal, 2019
© Del Prólogo: Javier Peteiro Cartelle, 2019
© Del Epílogo: Juan de la Peña, 2019
© De esta edición: Pensódromo SL, 2019

Diseño de cubierta: Lalo Quintana

Esta obra se publica bajo el sello de Xoroi Edicions.

Editor: Henry Odell
e–mail: p21@pensodromo.com

ISBN print: 9781710918823

Cualquier forma de reproducción, distribución, comunicación pública o transformación de esta obra solo puede ser realizada con la autorización de sus titulares, salvo excepción prevista por la ley. Diríjase a CEDRO (Centro Español de Derechos Reprográficos, www.cedro.org) si necesita fotocopiar, escanear o hacer copias digitales de algún fragmento de esta obra.

Índice

Prólogo 9
Nota preliminar 15
Introducción 19
Capítulo I — Los lazos amorosos y familiares
en el mundo digital 29
   La nueva alienación _____ 29
   La trascendencia digital, o cómo escapar de uno mismo ___ 31
   Reinventar la historia _____ 35
   El salón de las voces perdidas _____ 37
   Google, el memorioso _____ 40

Capítulo II — Milenarismo *High Tech* 47

Capítulo III — Una paranoia extendida 57

Capítulo IV — Profecías de una nueva
humanidad 71

Capítulo V — No hay algoritmos sin metáforas ... 79

Capítulo VI — ¡A la conquista de la eternidad! 85

Capítulo VII — El *i-Patient* 91
   Un brindis por la inmortalidad _____ 91
   Los nuevos dioses _____ 93
   Haz el bien, pero no dejes de mirar a quién _____ 95
   Los genes, unidos, jamás serán vencidos _____ 97
   Las nuevas guerras médicas… _____ 98
   No solo de escáneres viven los pacientes _____ 100

Capítulo VIII — No te olvides: vas a morir 103

Capítulo IX — Tecnologías, alienación y función de desconocimiento 109

Capítulo X — Cuerpos sin almas 121

Capítulo XI — La Inteligencia Artificial en el campo del goce 129

Capítulo XII — El inconsciente en la época del yo cuantificado 139

Capítulo XIII — ¿Hay alguien al mando de algo? 151

Capítulo XIV — Las nuevas máquinas de influencia 159

Capítulo XV — Retornos de lo real 169

Capítulo XVI — Los hombres las prefieren femeninas. Muchas mujeres también 179

Capítulo XVII — El goce de ver nada también se paga 187

Capítulo XVIII — Esa cosa inasible llamada sexo 193

Capítulo XIX — ¿Cuánto cuesta mi objeto *a*? 199

Capítulo XX — Triunfo de la mirada, derrota de la oscuridad 203

Capítulo XXI — Sin ti no soy nada 225

Capítulo XXII — Un disfraz precario llamado oportunidad 237

Epílogo 249

Acerca del autor 255

Prólogo

por Javier Peteiro Cartelle

Parece que vivimos una época revolucionaria a escala global, aunque abunden grises políticas nacionales. No se trata ahora de una revolución burguesa o proletaria. Tampoco de algo parecido a la «revolución industrial». Ni siquiera estamos ante revoluciones científicas como las que acogió el siglo pasado: la mecánica relativista, la mecánica cuántica y la transición a la biología molecular que, prevista por Schrödinger, empezó, podríamos decir, en el año 1953 con el modelo del ADN.

No hay esos hitos «buscados», pero sí se han dado como efectos colaterales en el ámbito técnico que parece cada vez más acelerado con respecto al científico. Si internet es algo de anteayer, las redes sociales son de ayer, la vigilancia por reconocimiento facial es de hoy, y la edición genética de embriones, los implantes biónicos y una posible inteligencia artificial independiente son planteamientos de un futuro que se vislumbra ya muy próximo. El *smartphone* supone la cristalización de evoluciones técnicas convergentes;

en un solo objeto de bolsillo tenemos un ordenador, una máquina de fotos y videos, un sistema de navegación por GPS (Global Positioning System), acceso a redes sociales, agenda, sensores médicos, juegos electrónicos... incluso un teléfono.

¿Vamos bien? O mejor, ¿hacia dónde vamos? Hay, como siempre, pesimistas y optimistas. Unos auguran el riesgo de ser dominados por sistemas de inteligencia artificial autónomos y replicantes o una catástrofe sanitaria nanotecnológica. Otros, en cambio, perciben que la vida mejorará y que incluso se alcanzará una singularidad tecnológica que permita la inmortalidad transhumanista, aunque no sea para todo el mundo.

Parece que estamos, como decía Norman Cohn, en pos del milenio. Otra vez. A la espera de una salvación técnica, incluyendo tintes religiosos aunque se pretendan ateos, pero salvación al fin... o condena definitiva.

La prospectiva tecnocientífica suele caracterizarse por errores de bulto. Pero ya no se trata de mirar al futuro sino al mismísimo presente que parece confundirse con él en una carrera imparable hacia el control técnico para bien médico, para el bien social y también para el mal imaginable. Somos testigos presentes de algo que creíamos futurible; suicidios por *sexting*, control de nuestras idas y venidas, historiales médicos informatizados y alojados, con todas las consecuencias, en eso que llamamos «la nube» y que no tiene nada de etéreo.

El poder real sigue existiendo pero, a la vez, se propicia el sentimiento de autonomía del que brotan los *influencers*, los empoderados, las peticiones de todo tipo en *change.org*, los grupos de WhatsApp que pueden arruinar la vida a un profesor...

Emerge una constelación de síntomas novedosos o acentuados; adicciones, soledades, fobias, cibercondrías.

Prólogo

La técnica puede liberar, pero también enfermar y matar. Nos hallamos ante algo novedoso, ante algo que debe ser analizado al detalle en lo que es y lo que implica para el ser humano. Lo más generalizado tiene que ver ahora con lo más concreto, con la singularidad de cada cual, con nuestros deseos, aspiraciones, defectos; con lo mejor y lo peor del sujeto. Ante eso no basta, aunque se precise, con una filosofía de la ciencia o de la tecnociencia. Mucho menos con limitarse a construir una historia de «avances». Tampoco basta con «adaptarse al cambio», en el mito de un progreso imparable, con los ingenuos y manejables medios de la psicología conductista, o las versiones narcisistas de la tradición oriental como el yoga o *mindfulness*, ya asumidas como bondadosas por quienes controlan los sistemas laborales. ¿De qué se trata, entonces? Quizá pueda decirse de modo simple aunque resulte complicado. Se trata de situarnos.

Es eso lo que facilitará la lectura de un libro excelente como este ensayo de Gustavo Dessal. El título ya anuncia su originalidad y su intención, íntimamente relacionadas.

Es original no solo por la extensa revisión crítica del desarrollo técnico habido y previsto; también por la mirada hacia su interacción con el sujeto; una mirada dirigida a través del prisma de la experiencia psicoanalítica.

El libro puede parecer osado solo a quienes consideran impropio salirse de su particular campo de acción (incluyendo psicoanalistas), pero esa supuesta osadía es imprescindible porque se requiere el enfoque sistémico y no parcelado de una realidad que parece que nos sumerge.

La seriedad del estudio que este texto muestra lo distancia claramente tanto de nostalgias inútiles como de fantasías milenaristas. La intención del autor, no obstante, no es meramente descriptiva, ni siquiera crítica en sentido general. Su finalidad persigue mostrar cómo el contexto tecnológico en rápida evolución nos influye y puede influirnos en el futuro. Para ello, usa la mirada privilegiada que le confiere su ejercicio como psicoanalista y, en general, la sabiduría que le caracteriza. Su campo no le aísla, sino que le sirve de observatorio privilegiado desde el que contemplar, comprender y concluir enseñando.

Es desde ese saber que Dessal facilitará a lo largo de su obra que nos situemos, que sepamos un poco mejor dónde estamos, despertando la intuición de lo que somos para que quedemos algo más advertidos ante lo inminente.

Es sabido que no cabe hablar de psicoanálisis de la historia, de la ciencia, del arte o de lo que sea, así, en general, a diferencia de la reflexión filosófica, pues un psicoanálisis lo es siempre solo de alguien concreto y no de algo; se trata de una relación clínica singular. Ahora bien, sí es posible referirse a algo desde el psicoanálisis de muchos. Es precisamente desde el encuentro con el síntoma en su multiplicidad de presentaciones que un psicoanalista se halla en un buen lugar para señalar cómo algo influye en alguien e intuir hasta qué punto el síntoma mostrado, el que requiere ayuda, depende de la civilización en la que el sujeto está inmerso. Pero eso solo será factible si, además de psicoanalista, se es inquieto y culto, cualidades que Dessal ha venido mostrando ampliamente a lo largo de su rica e ilustrada trayectoria, de la que no es excluida la creatividad literaria.

Si algo nos caracteriza como seres humanos y, por ello, como constructores biográficos y actores de la historia, es, aunque pueda parecer extraño o incluso paradójico, lo que ignoramos de nosotros mismos, lo que nos es inconsciente. El inconsciente, algo que surge desde la relación inicial con la alteridad, que requiere del habla (ser humano es ser hablante, aunque se sea sordomudo) y que puede abocarnos a lo peor. Dessal va entretejiendo su libro con luminosas pinceladas psicoanalíticas y en un lugar define el inconsciente de un modo claro y conciso: «un saber que sabe lo que yo no sé, y en el que no me encuentro, pese a que ese saber rige mi vida». Descartes estaba equivocado. Si solo dependiéramos del pensamiento, de la lógica, no repetiríamos en general lo peor, no seríamos perturbados por el síntoma, eso que apunta a lo más íntimo de nosotros. Pero no somos máquinas pensantes, sino sujetos de goce (peculiar término lacaniano que suele referirse muchas veces a lo que parece contrario, al sufrimiento anímico); tampoco somos entes biológicos emulables sino biografías que requieren a un Otro para ser factibles.

Cuando suceden catástrofes provocadas por seres humanos, se suele decir que olvidamos la historia, pero no es cierto porque, aunque la recordemos, seguiremos repitiéndola, precisamente por la fuerza de lo inconsciente. En esa reiteración, el milenarismo resurge hoy aunque sea de un modo distinto al que se dio en otras circunstancias. También ahora se espera la salvación, pero esta vez carece de base una espera salvífica universal. Una escisión de la sociedad con una esclavitud generalizada es más probable que en épocas consideradas hoy como brutales. No se trata de que seamos esclavizados por máquinas como especie, sino de una bipolaridad extrema entre una élite de poder y una gran masa de siervos, preferiblemente voluntarios; no se precisan cadenas si uno es feliz en su estado miserable, y abundan fármacos y *coaches* para ello. En ese pretendido mundo feliz, en cierto modo previsto por Huxley, hay algo que puede ser elemento de salvación; es precisamente el síntoma psíquico, eso que se resiste al adiestramiento, un síntoma que puede variar con las épocas y lugares, pero síntoma al fin, que revela la necesidad inagotable de ser y que indica que el psicoanálisis no es cosa del pasado sino que seguirá siendo necesario y probablemente, más que ahora, en los tiempos que se avecinan.

No somos seres algorítmicos aunque así se nos pretenda por el neocapitalismo y la falsa ciencia. Nunca seremos equiparables a una máquina, ni siquiera en las «averías» y, como certeramente señala Dessal, las ingenierías jamás podrán «arrebatar el cuerpo» a la medicina.

François Cheng decía, en un bello juego sonoro, que «l'esprit raisonne, l'âme résonne». El espíritu cartesiano seguirá razonando, pero es esa alma, que resuena como viviente, con el cosmos del que recibe y al que otorga, quizá a veces, sentido, la que ha de resistirse a la nueva alienación algorítmica que el neocapitalismo más crudo pretende. Esa resistencia sostiene nuestra libertad real. A esa posibilidad ética se nos convoca en este hermoso libro.

Nota preliminar[1]

En las últimas décadas, las denominadas «nuevas tecnologías» han contribuido a cambiar de forma exponencial nuestra vida. Mientras la ciencia se mueve con la lentitud propia de su método, la técnica posee una aceleración vertiginosa y su incidencia en todos los rincones de la existencia humana es irrefutable. Aliadas incondicionales del neoliberalismo económico, de los nuevos modos de la política y de la manipulación de masas, al mismo tiempo permiten prodigios cuyos beneficios sería absurdo discutir. No obstante, los psicoanalistas —o al menos muchos de ellos— han adoptado una posición ambigua, en ocasiones moralizante, ante los avances del cambio tecnológico, y alertan contra los graves peligros a los que nos enfrentamos. No hay duda de que si tomamos en cuenta que internet tuvo su origen en una serie de investigaciones militares, esa marca está presente y no podrá borrarse nunca. Por otro lado, su expansión infinita ha cambiado la fisonomía de la vida y con ello ha contribuido también

---

1. La traducción al castellano de todos los textos citados en publicaciones de lengua inglesa y francesa me pertenece. Por lo tanto, asumo su fidelidad al original tanto como los posibles errores.

a generar nuevos síntomas, en el sentido que el psicoanálisis le confiere a este concepto: algo que posee un lado mórbido cuando nos hace obstáculo o se lo padece; pero que paradójicamente puede cumplir una función estabilizante, como anclaje de la posición de un sujeto, cuando ofrece un anudamiento que hace más tolerable o alivianada la vida. En ese sentido, los usos sintomáticos de las nuevas tecnologías son para el psicoanálisis un motivo de estudio tan importante como los efectos patológicos que en algunas ocasiones podemos comprobar. Por lo tanto, el propósito de estas páginas es investigar algunas consecuencias epistémicas y clínicas de las nuevas tecnologías en la subjetividad. El psicoanálisis sigue siendo, en un mundo que prácticamente ha quedado por completo recubierto por la técnica, una praxis excepcional, puesto que no requiere de ningún dispositivo para llevarse a cabo, salvo el que le es específico: el dispositivo de la transferencia. Tal vez esa relativa exterioridad nos proporcione una posición privilegiada para poder abordar algunos de los fenómenos contemporáneos que obedecen al crecimiento rizomático de la tecnología, sin necesidad de asumir una postura que —incluso de forma inadvertida— pueda traducir sutilmente una nostalgia del Nombre del Padre[2].

---

2. Teniendo en cuenta la subversión que Lacan introduce en su teoría del lenguaje, como un sistema en que no existe una relación unívoca entre la palabra y la cosa que supuestamente designa, así como tampoco hay una relación predeterminada entre el significante y el significado, se vuelve necesaria la introducción de un concepto que permita comprender de qué modo el ser hablante consigue a pesar de todo establecer una relación medianamente estable con las significaciones en las que se sostiene la posibilidad de una comunicación, siempre asediada por el malentendido. El concepto del «Nombre del Padre» viene a dar cuenta de esa función estabilizadora, que «sujeta» e impide que los lazos entre el lenguaje y el sujeto se desprendan. En sus inicios, Lacan comprendió que el Padre, como representante de dicha función simbólica, había entrado en una decadencia

NOTA PRELIMINAR

A lo largo de estas páginas, habré de exponer algunos de los graves problemas que las nuevas tecnologías han introducido en nuestro mundo, teniendo en cuenta que el conocimiento al que podemos tener acceso es limitado, puesto que una gran parte de lo que sucede se mantiene celosamente oculto por un complejo entramado de intereses privados, públicos, políticos y mercantiles. Pero la exposición y análisis de dichos problemas no implica una posición «antitecnológica» por mi parte. Las tecnologías son transpolíticas, es decir, son empleadas por todas las orientaciones ideológicas, las autoridades políticas, policiales y militares. Su empleo es múltiple, así como sus fines. En tanto psicoanalista, me interesa señalar el factor sintomático implicado tanto en la creación de las tecnologías como en sus distintas aplicaciones.

La intención de este libro es poder despertar también el interés de quienes no están familiarizados con la teoría y la clínica analíticas. No estoy seguro de que ese objetivo haya sido logrado, pero al menos me sentiré satisfecho de estimular en los lectores profanos una curiosidad por lo que el psicoanálisis tiene para decir sobre este tema.

Por último, quiero agradecer a Iara Bianchi por sus observaciones y comentarios destinados a lograr una mejor comprensión de ciertos conceptos a quienes no estén familiarizados con el discurso del psicoanálisis.

Gustavo Dessal
Agosto de 2019

---

progresiva. En la actualidad ello se verifica en el hecho de que todos los agentes supuestamente destinados a introducir mecanismos de prohibición y censura, y que limitan la tendencia del sujeto a la búsqueda desenfrenada de goce, han caído en desuso, y que, por el contrario, rige un empuje a la conquista de la satisfacción por cualquier medio. Eso se acompaña con la creciente e irreversible descomposición de los soportes ideológicos tradicionales que en las últimas décadas han dado lugar a la llamada «posmodernidad».

Introducción

Podía darse la circunstancia de que una persona alcanzara lo que se denominaba Grado Máximo de Saturación Técnica (GMST). Un GMST era un individuo de origen humano que a consecuencia de graves accidentes civiles o de combate, ataques terroristas o sucesivas enfermedades, ya no poseía ningún elemento orgánico natural. En ese caso su constitución física era indistinguible de los individuos de fabricación industrial, concebidos para compensar el déficit creciente de la tasa de natalidad que desde hacía siglos afectaba a todo el planeta. La condición de GMST figuraba en los dispositivos de identidad para dejar constancia del origen humano del individuo, aunque a los fines sociales y legales no existían diferencias respecto de los seres de procedencia industrial. Solo en situaciones extremas el Estado Global podía hacer uso de medidas excepcionales que instauraban una línea divisoria entre humanos y máquinas, aunque en la práctica tales medidas no solían aplicarse debido a su impopularidad. Ni siquiera la Guerra del Fin de las Guerras provocó una segregación identitaria, y el espíritu igualitario fue defendido en todo momento para que nadie quedase excluido de la destrucción absoluta.

Gustavo Dessal, «El alma de las bicicletas»[3].

El presente libro reúne algunos ensayos que fueron publicados en distintas revistas o expuestos

---

3. DESSAL, G.: «El alma de las bicicletas», en *Demasiado Rojo*, Valencia, Ediciones El Nadir, 2012, p. 139.

en conferencias y varios capítulos escritos exprofeso para este volumen. A la dificultad de tratar el tema de la incidencia de la tecnología en la subjetividad se le añade el hecho de que el objeto de estudio se transforma a una velocidad que vuelve obsoleta toda reflexión. Por ese motivo he revisado, ampliado y actualizado en la medida de lo posible todo el material que aquí presento, aún sabiendo que pese a todo no podré evitar que en breve quede retrasado ante los vertiginosos cambios tecnológicos que Gordon Moore, cofundador de Intel, reflejara en la famosa ley que lleva su apellido[4]. Según dicha ley (en verdad más bien una observación empírica), el número de transistores en un microprocesador se duplica cada dos años. Esta progresión de crecimiento exponencial (que hoy en día sigue comprobándose) es también la medida de hasta qué punto todo el paradigma social contemporáneo está forjado sobre la base del valor supremo de la velocidad. La ley de Moore no solo sirve para apreciar el modo en que la tecnología se desarrolla, sino que me permito utilizarla como una suerte de metáfora de la aceleración imparable que el discurso capitalista imprime a todas las facetas del mundo actual. Si la pulsión fue definida por Freud como una fuerza constante que no conoce otoños ni primaveras, el desarrollo tecnológico es, por el contrario, una fuerza que va en aumento, retrato y al mismo tiempo vehículo de la implantación hegemónica de ese discurso, aunque como veremos, esa aceleración tenga importantes matices que deben ser explicitados.

La temporalidad propia de la tecnología va determinando una suerte de separación o independencia entre esta y la ciencia, incluso hay quienes diagnostican

---

4. Véase https://intel.ly/2CuCOn7

más bien una absorción de la ciencia por la técnica, lo que supone el sometimiento de la ciencia a las reglas exclusivamente financieras. Eso se verifica, entre otras cosas, en el hecho de que la segunda es objeto de una confianza y una fe ciegas, que hasta hace unas décadas solo se le confería a la primera. Se confía en que la tecnología podrá dar solución a todo, o a casi todo. Gracias a la tecnología, lograremos alzarnos por encima de los límites que pesan sobre la condición humana y alcanzar un estatuto inédito. Esta visión se basa, fundamentalmente, en la creencia de que las asombrosas conquistas que se han realizado en materia de telecomunicaciones pueden ser extrapoladas a otros ámbitos, como por ejemplo al de la nanotecnología aplicada a la biología humana. La intensa campaña de *marketing* desplegada por los profetas de la tecnología, con el apoyo sostenido de los medios de comunicación (que han sumado al sensacionalismo de los crímenes el reclamo publicitario de presuntos descubrimientos mágicos, sobre todo en materia de salud), intentan convencer a la opinión pública de que el progreso es un movimiento que se expande de forma cada vez más rápida y sin retroceso.

Aunque esto puede ser cierto en algunos ámbitos, en otros resulta al menos dudoso, cuando no completamente falso. Esta confianza ciega en la omnipotencia tecnológica no es un fenómeno nuevo, pero ha cobrado un impulso mayor en las últimas décadas, en buena medida gracias a los logros de los ingenieros informáticos pero también debido al espíritu profundamente religioso que subyace a este optimismo exaltado. El *transhumanismo* es quizá el mejor exponente de esta posición radical, que concibe el advenimiento de un punto de inflexión en la historia de la humanidad al que Vernon Vinge denomina *singularidad tecnológica*[5], seriamente debatido y cuestionado, pero que cuenta entre sus filas de adherentes con personalidades extraordinariamente destacadas. Es el caso de Ray Kurzweil, un reputado ingeniero informático e inventor de fama internacional al que Larry Page (cofundador de Google) contrató para su empresa. La singularidad tecnológica es una suerte de visión posmoderna del milenarismo tradicional, que augura la llegada de un acontecimiento mesiánico bajo la forma de una inteligencia artificial que habrá de superar a la de los seres humanos. En cierto modo, podríamos decir que eso no sería realmente una gran proeza, teniendo en cuenta que los seres humanos no están particularmente dotados para la inteligencia, sino que se caracterizan más bien por su debilidad mental. Pero dejando de lado las ironías psicoanalíticas, lo serio de este discurso es el hecho de estar auspiciado y promovido por inmensas fortunas que han apostado a conquistas tales como la curación de todas las enfermedades y la realización del sueño de la inmortalidad.

La importancia del transhumanismo no reside simplemente en que sus apuestas sobre el futuro lleguen o no a cumplirse, sino en que las metáforas que emplea ejercen un extraordinario poder, ya que construyen un modelo de pensamiento determinista según el cual la tecnología es la expresión del destino que indefectiblemente tendrá lugar, y cuya realización sigue un curso que ya no está gobernado por leyes humanas ni tampoco divinas. Esas metáforas convierten a la tecnología en un orden autónomo[6], que sigue su

---

5. *Cf.* VINGE, V.: "Technological singularity", accesible en: https://bit.ly/2K5rVwn

6. Como veremos un poco más adelante, dicha autonomía no es completamente falsa.

propia trayectoria y avanza hacia su cumplimiento definitivo, diseñando un horizonte de felicidad universal gestionada por la inteligencia artificial.

El peligro de estos movimientos es que, bajo el disfraz de un presunto interés «apolítico» por el bienestar de la humanidad, lo que está en juego es un poderoso conjunto de intereses económicos aliados con las fuerzas más reaccionarias del neoconservadurismo. Max More es tal vez un buen exponente de lo que esto significa, aunque su ejemplo es uno entre muchos. En 1988 dio a conocer sus ideas sobre lo que denominó «extropianismo», una filosofía que eleva a un grado superlativo el optimismo respecto de los avances en materia de nanotecnología, ingeniería genética e inmortalidad. Es —casualmente— el CEO (Chief Executive Officer [Oficial ejecutivo en jefe]) de *Alcor Life Extension Foundation*, una empresa tecnoinmortalista que provee servicios de criogénesis y conservación de información de datos cerebrales a fin de resucitar los cuerpos en un futuro[7]. Como es de suponer, se trata de una compañía que maneja fabulosos presupuestos de incierta procedencia, aunque tal vez lo que más nos interese sea indagar en los fundamentos pseudocientíficos en los que se basa para promocionar sus productos. Si entramos en su web, veremos un curioso ensayo que pretende justificar la cientificidad de los procedimientos técnicos. Según parece, tras la criogenización y posterior «resurrección» del gusano *Caenorhabditis elegans*, el animalito ha dado muestras de retener su memoria olfativa, lo que vendría a «demostrar» que esto mismo puede cumplirse en el caso de un ser humano. Calificar como delirantes a estos postulados es a todas luces insuficiente. En primer lugar, porque

---

[7]. Véase: *Alcor Life Extension Foundation*: Sitio web: https://alcor.org/

para el psicoanálisis de Jacques Lacan el delirio es una propiedad universal del ser hablante. En segundo lugar, porque la mayoría de los descubrimientos e invenciones que cambiaron el curso de la historia han sido posibles gracias a la fuerza del delirio y su certeza. Lo fundamental es el hecho de que la psicosis demuestra poseer en estos casos una funcionalidad y una capacidad de penetración real en el mercado. El extropianismo y otras formas de transhumanismo pueden ser un delirio, pero debido a la economía que generan y al discurso político que representan en su presunta neutralidad «científica», merecen ser atendidos como signos de que la fetichización de la tecnología no es un asunto de minorías extravagantes o sectas marginales, sino que obedece a grupos de poder nada desdeñables.

A la luz de la historia, muchos autores y pensadores han mostrado cómo el milenarismo es un recurso fantasmático que resurge —con nuevas vestimentas y una misma finalidad— cada vez que los seres humanos se confrontan a un cambio de paradigma. Lo más inquietante es que, según las épocas, la salvación puede llegar para todos o solo para los elegidos. El tecnomilenarismo promete un paraíso en el que nadie quedará excluido, pese a que los acontecimientos tal como se presentan en el momento actual parecen indicar todo lo contrario, que la tecnología no solo no habrá de traer la felicidad para todos, sino que más bien servirá para trazar de forma mucho más acentuada las graves diferencias sociales, económicas y políticas que hoy padecemos[8]. Esta es una de las razones más evidentes por las cuales debemos pluralizar el concepto y el enfoque de la tecnología, manteniendo todo el tiempo la perspectiva de su

---

8. *Cf.* JONES, R.: *Against Transhumanism. The delusion of technological transcendence*, accesible en: https://bit.ly/2Q7ZFge

pluralidad. En efecto, la disponibilidad casi general de la telefonía móvil y el acceso a la comunicación digital pueden llevarnos a la confusión de creer que eso mismo sucede con otras formas de tecnología. Con independencia de su verosimilitud y del auténtico desarrollo logrado, las tecnologías que apuestan a una prolongación de la vida o a la detección y erradicación de graves patologías en ningún caso estarán al alcance masivo de la población, no solo debido a su elevado coste económico, sino fundamentalmente porque el dominio de esos modos de tecnificación (como el de los medios de producción) habrá de convertirse en uno de los mayores artífices de los procedimientos de segregación social. Los debates éticos demuestran la enorme dificultad para delimitar de forma precisa y fundamentada la diferencia entre los beneficios, por ejemplo, de la manipulación genética, y la perspectiva de que estas tecnologías puedan conducir a proyectos eugenésicos que una vez más nos precipiten hacia los abismos más siniestros de la historia.

La alternativa del discurso naturalista no resulta, en el fondo, mucho menos preocupante. La idea de una naturaleza que ha sido corrompida por la acción maléfica de la tecnificación puede muy bien ser el vehículo de posiciones altamente reaccionarias. No existe ninguna naturaleza en un sentido abstracto. La naturaleza también es una construcción discursiva y, por lo tanto, un artificio de lenguaje. La idealización romántica de la naturaleza debe ser cuestionada tanto como la fetichización de la tecnología. Ello, por supuesto, no significa desatender los legítimos esfuerzos llevados a cabo por los movimientos ecologistas, que precisamente se distinguen por contextualizar el sentido de lo natural en un discurso político y no en el romanticismo reaccionario del retorno a las fuentes originarias incontaminadas.

Mientras en épocas anteriores el conservadurismo tendía a idealizar el pasado y a acentuar la nostalgia por una imaginaria Edad de Oro que era menester recobrar, las formas modernas de algunos sectores conservadores han convertido el futuro —al que presentan con la misma imaginería que antes le otorgaban al pasado— como la Tierra Prometida a la que seremos conducidos por el carro triunfante de la tecnología. Uno de los aspectos más engañosos y temibles de esta reificación de la tecnología no depende de que, desde el punto de vista empírico, muchos de sus augurios sean dudosamente realizables, sino de que la felicidad se vislumbre bajo la forma de un sistema social presuntamente apolítico y superador de todas las diferencias ideológicas. Bajo esta apariencia, sin duda se esconde el demonio de un neoliberalismo que, a fin de realizar sus designios, manipula los eternos sueños humanos induciendo en ellos el espejismo del progreso. No es muy difícil reconocer que la confianza absoluta en el misticismo tecnológico obedece a la misma lógica que subyace a la creencia en la «mano invisible» del mercado. Que el progreso se haya verificado en incontables aspectos del saber humano no significa que esa tendencia sea una ley natural ni que carezca de «efectos secundarios», en demasiadas ocasiones mucho más graves que los males presuntamente superados.

Sobre este tema vale la pena citar a John Gray quien, de una manera muy freudiana, explica:

> Los que creen en el progreso —ya sean marxistas, anarquistas, socialdemócratas o neoconservadores, o positivistas tecnocráticos— conciben la ética y la política como si fuesen una ciencia, de tal modo que cada paso hacia adelante permite nuevos

avances futuros. Creen que la mejora en la sociedad es acumulativa, y que la eliminación de un mal implicará la desaparición de otros en un proceso siempre abierto. Pero los asuntos humanos no muestran signo alguno de sumarse en esa forma: lo que se gana siempre puede perderse y a veces —es el caso del retorno de la tortura como técnica aceptada de guerra y de gobierno— en un abrir y cerrar de ojos. El conocimiento humano tiende a aumentar, pero los humanos no por ello se vuelven más civilizados. Siguen propensos a toda clase de barbarie y mientras el crecimiento del saber les permite incrementar las condiciones materiales, también aumenta el salvajismo de sus conflictos[9].

---

9. GRAY, J., *Black Mass: Apocalyptic Religion an the death of Utopia*, Londres, Penguin Books, 2008. (Traducción del autor.)

Capítulo I

Los lazos amorosos y familiares en el mundo digital

Are you on the line or on-line?[10]

La nueva alienación

En el mundo contemporáneo, la técnica ha ido conquistando un lugar, un dominio y un alcance sin precedentes. A pesar de que el ser humano se ha caracterizado desde sus orígenes prehistóricos por su relación con el objeto técnico, es indudable que en la actualidad esa relación ha cobrado un impulso que se aproxima a una transformación cualitativa inédita: la posibilidad de una integración plena entre el objeto técnico y el organismo. La bioingeniería médica, que ha creado asombrosas prótesis, marcapasos, estimuladores intracraneales y otros tantos dispositivos cuya implantación ha permitido mejorar —e incluso resolver— graves trastornos, se encamina hacia un nuevo desafío: la producción de seres en los que los

---

10. ¿Está usted en la cola o conectado?

límites entre la estructura orgánica y la mecánica sean prácticamente inexistentes. No habremos de juzgar lo que este cercano porvenir podrá depararnos. La historia nos ha demostrado que, por regla general, la opinión pública (es decir, el nivel medio de la mentalidad de cualquier sociedad) está siempre por detrás respecto de la evolución técnica. Dicho de otro modo: la técnica se mueve a una velocidad a todas luces mayor que nuestra capacidad para adaptarnos a ella, para asumir sus cambios y sus consecuencias.

Ese desfase en la comprensión subjetiva del desarrollo técnico, que es la forma actual en la que se pone de manifiesto la alienación de los seres humanos, esa distancia entre lo que la ciencia aplicada produce y nuestra posibilidad de reflexionar sobre ello, va en progresivo aumento. Aquí debemos enfatizar el hecho de que no me refiero a una complejidad en el manejo de la técnica. Por el contrario, su omnipresencia en nuestras vidas se debe, entre otras razones, al hecho de que su empleo es cada vez más sencillo.

Cuando observamos la asombrosa habilidad y soltura con la que los niños de muy corta edad, incluso antes de hablar, son capaces de manipular los dispositivos que encuentran en sus hogares, nos damos cuenta de que el problema que la técnica nos plantea no radica en su dificultad para utilizarla, sino todo lo contrario. Es la extraordinaria facilidad con la que acompaña gran parte de nuestras acciones cotidianas en donde reside la cuestión decisiva: esa sencillez y la satisfacción asociada a su disfrute es directamente proporcional a la escasa posibilidad de formularnos una pregunta sobre lo que ello supone para nuestra vida individual y social. Una pregunta que debe partir de la evidencia de que, en la actualidad, la técnica no es solo una herramienta destinada a resolver un problema práctico, sino que constituye en sí misma un instrumento de satisfacción, una satisfacción cuya naturaleza es preciso situar. Ian Bogost, en su artículo "Your are already living inside a computer"[11], señala cómo el afecto que la gente siente por las computadoras se transfiere a los objetos más corrientes:

> La gente elige las computadoras como intermediarias por el encanto sensual de utilizarlas, no como medios prácticos y eficaces de resolver problemas.

La tendencia a la computarización generalizada se extiende a todas las esferas de la existencia, al punto de que en muy poco tiempo prácticamente no existirá ni un solo resquicio de la vida que no esté de algún u otro modo intervenido por la tecnología.

La trascendencia digital, o cómo escapar de uno mismo

Oponerse a las tecnologías en nombre de una supuesta deshumanización de la existencia es un error de concepto, así como una distorsión moral. La técnica no posee una propiedad demoníaca intrínseca y los valores humanos no están definidos en el cielo de la abstracción metafísica. Como psicoanalistas, nuestro papel consiste en sumarnos a otros enfoques, filosóficos, sociológicos, económicos, políticos, con el fin de comprender cuáles son las consecuencias sintomáticas que —sin obviar los indiscutibles beneficios— nos supone esta discordancia entre la inmediata asunción de los objetos técnicos y el entendimiento de la función que cumplen en nuestra vida. Dicha incomprensión está a punto de alcanzar su grado

---

11. BOGOST, I.: "Your are already living inside a computer" [Ya estás viviendo dentro de un ordenador], *The Atlantic*, 14/09/2019, https://bit.ly/2C6rhKQ

crítico debido a un cambio que la gran mayoría de las personas ignora, ya que esta revolución se ha producido subrepticia e insidiosamente: nuestra existencia está siendo transferida por entero al mundo digital.

Hasta ahora creíamos —y estábamos en lo cierto— que existía una frontera precisa, bien delimitada, entre lo que se denomina mundo *on-line*, es decir, el mundo que se configura en la interconectividad telemática entre personas y cosas, y el denominado mundo *off-line*, o mundo que el sentido común asimila al mundo real. Pensábamos —y todavía seguimos pensando— que cruzar de un mundo a otro depende de nosotros, que conservamos la capacidad de elegir, de decidir, en cuál de los dos mundos deseamos estar en cada momento y según las circunstancias.

Eso ya ha dejado de ser así. La conectividad no depende del usuario. Nadie, aunque se refugie en el rincón más perdido de la Tierra, tiene la posibilidad de escapar al alcance de la omnipotencia que se manifiesta en la vigilancia mediante geolocalización o visión satelital. Para colmo, descubrimos con sorpresa que se incrementa el número de personas que se sienten mejor y más cómodos en el mundo virtual, un mundo que les ofrece la oportunidad de asumir formas de vida imaginarias, identidades simuladas, fabricadas con la materia de los deseos, que interactúan con otras formas de vida semejantes sin entrañar demasiados riesgos. Para mucha gente afectada en su capacidad para sostener un lazo social de cualquier índole —amistoso, amoroso, de pertenencia a un grupo, etc.— internet ha creado para ellos un espacio donde alojarse, un territorio donde encontrar a otros que sienten como sus semejantes, constituyendo así una suerte de confraternidad en la que los síntomas y otras desventuras hallan consuelo, compasión, empatía e incluso la legitimidad que a menudo se les niega en el mundo real. Allí están los ejemplos de las asociaciones de escuchadores de voces, que han proliferado por todo el mundo, o los foros de adolescentes *youtubers* que se intercambian información sobre las vicisitudes del mundo transexual.

De la misma manera que una sustancia adictiva o una creencia religiosa pueden ser para muchos una forma de soportar la inclemencia de la vida — que de lo contrario resultaría inmanejable— internet constituye para otros la oferta de una segunda vida, que incluso a veces se convierte en la única donde pueden habitar. De allí que cuando muchos padres me transfieren su inquietud acerca del tiempo que sus hijos pasan conectados a las distintas clases de juegos y redes sociales, y solicitan orientación e instrucciones sobre cómo poner límites a ello, mi primera respuesta es conducirlos hacia una pregunta fundamental: ¿qué sucedería si acaso internet fuese para algunos de estos niños y adolescentes algo así como una especie de insulina para la diabetes del espíritu? ¿Cómo podemos condenar como una falta en el comportamiento, el signo de una disposición viciosa o una manifestación de negligente holgazanería, que un adolescente no pueda separarse de su *smartphone* o su consola de videojuegos y experimente como una auténtica mutilación la posibilidad de verse separado de sus objetos?

En la creciente inmersión de los seres humanos en el universo técnico, se impone la labor preliminar de establecer diferencias, de percibir cuál es la relación singular que cada uno establece con su objeto. Talismán, fetiche, remedio que calma la angustia, refugio, conectividad, sociabilidad artificial, vínculos de bajo riesgo, los dispositivos pueden ofrecer todo eso y mucho más. En internet, son numerosas las personas que encuentran la oportunidad de vivir una ficción, pero experimentarla de manera real. Para muchos corazones rotos, Facebook es una lanzadera con la que iniciar un viaje al pasado, con el propósito de recobrar aquel amor de la adolescencia o la temprana juventud. Por lo general, el reencuentro suele ser bastante desalentador. Lo que retorna se parece bien poco a lo que se deseaba, y el ensueño virtual *aggiornado* con el Photoshop no tarda mucho en evaporarse, dando de nuevo paso a las arrugas de la soledad.

Second life[12], es un programa informático donde el usuario se inscribe con el nombre, el género y la historia que desee. Una vez escogido el personaje, que se denomina «avatar», ingresa como tal a un inmensa cantidad de grupos, todos ellos constituidos por otros avatares. Nadie conoce la verdadera identidad de los demás. *Second life,* aunque funciona con la estructura audiovisual de un videojuego, no es exactamente un juego, porque no existe el propósito de conseguir un objetivo predeterminado. Uno puede inventarse allí una vida completa y es por eso que en la jerga cibernética este programa recibe el nombre de *metaverse*, condensación de «meta» (más allá) y *universe* (universo), o sea, un universo paralelo que se asienta en las estructura logarítmica del mundo virtual. En *Second Life* se puede formar una pareja, una familia, tener hijos, grupos de amigos, otros padres, un trabajo apasionante, adoptar un sexo distinto, el aspecto físico que se desee, todo ello en la realidad del escenario virtual. No hay límite a la fantasía. Algunas personas se entretienen con este metaverso durante unas pocas horas a la semana, del mismo modo que podrían hacerlo mirando una serie

---

12. Véase: https://secondlife.com/

de televisión o un partido de futbol. En cambio para muchas otras, *Second life* es algo tan decisivo en sus vidas que la proporción acaba por invertirse. La vida imaginada alcanza una intensidad tal, su credibilidad es asumida con una convicción tan absoluta, que se convierte para el sujeto en su auténtica vida. La otra, la vida cotidiana, a menudo carente de grandes estímulos, vacía de todo deseo, o simplemente aburrida, es aquella donde no hay más remedio que transitar porque es inevitable. Pero esas personas no ansían otra cosa que ver llegar la hora en la que pueden encender el ordenador y entrar en lo que consideran su «verdadera» vida, donde encuentran satisfacción y sentido, al punto de que su autenticidad queda fuera de cualquier cuestionamiento.

Reinventar la historia

Es evidente que toda esta sofisticación digital puede funcionar hasta extremos semejantes porque se vale de la sobrexplotación de una facultad universal de la condición humana, aunque en cada uno se lleve a cabo de una forma singular. Me refiero al hecho de que el sujeto humano es el único ser viviente que habita un medio que no es en absoluto natural. Su espacio, su mundo circundante, su realidad propia, particular e irrepetible, es la ficción. Todos nosotros sentimos, pensamos y actuamos en el marco de una ficción que tomamos por real, un escenario donde desempeñamos un papel en una obra que desconocemos, porque es inconsciente. Que la ignoremos no impide que nuestro papel esté totalmente condicionado por ella, y si acaso la experiencia vital nos confronta con una circunstancia contingente, no prevista en el argumento, responderemos de modo inevitable conforme a los estrechos márgenes a los que nuestro papel nos ha destinado. Los extraordinarios recursos de simulación de estos programas introducen algo nuevo: la posibilidad de que un sujeto, de manera activa, participe en la construcción de su narrativa. Ello no significa que su libertad sea absoluta, porque su imaginación creadora estará sometida a los condicionamientos de su deseo inconsciente. Dicho de otro modo: inevitablemente escribirá un argumento «contaminado» por su propia ficción originaria, aquella en la que se encuentra inserto en función de su historia personal, las experiencias vividas y los residuos de significaciones que todo eso ha dejado en su inconsciente.

Las redes sociales se han convertido en el vehículo principal de socialización y búsqueda en el plano amoroso y sexual. Tras un período inicial en el que las páginas de citas estaban frecuentadas por personas que más bien padecían dificultades en su vida social, hoy en día las aplicaciones de contactos se han multiplicado, se dirigen a todo el espectro de edades y abarcan una amplia variedad de usuarios, al punto de ser el método por excelencia para buscar pareja. No existen estudios fiables sobre los resultados. A ciencia cierta, desconocemos qué porcentaje de contactos y citas devienen relaciones reales y continuadas. Eso no significa nada, desde luego, porque tampoco tenemos datos sobre las relaciones generadas a partir de los métodos tradicionales. Lo que sí vale la pena señalar es que la tecnología aplicada a la vida amorosa y sexual introduce —entre otras cosas— una variante cuyos efectos son visibles. Me refiero al hecho de que la posibilidad de someter la búsqueda del *partenaire* a un procedimiento de filtrado más o menos semejante al de cualquier producto de venta *online* (color, tamaño, año de fabricación, peso, precio, etc.) permite alimentar la fantasía de «fabricar» a alguien a la medida de nuestros sueños, de encontrar el complemento ideal, un ser que no habrá de decepcionarnos. Aunque no hay nada confiable en el plano estadístico, el psicoanálisis ha descubierto algo cuyas consecuencias son decisivas, por cuanto revelan y explican una parte fundamental de las peculiaridades humanas en materia de amor y sexo. Con independencia del curso que siga un encuentro amoroso y sexual, la cita es siempre fallida. Lo es incluso en los casos más felices, aquellos en los que parece haberse conquistado una duradera armonía. La cita es siempre fallida porque entre el sujeto y el objeto de su elección existe una fractura inevitable, una inadecuación insalvable.

Ningún objeto es capaz de restaurar por completo el mito del paraíso perdido, de la satisfacción originaria de la que hemos sido desalojados para siempre, por la sencilla razón de que en verdad nunca ha existido. Aunque dicha satisfacción sea un sueño tan antiguo como la humanidad misma, eso no impide que en cada sujeto se repita el secreto anhelo de volver a encontrarla. En ese sentido, internet es el espacio donde se promete la realización de los deseos, la versión ultramoderna de las creencias mágicas, el pozo donde arrojar la moneda de la suerte, la lámpara de la que brotará el genio que se ponga a los pies de nuestras fantasías. Más aún, es también el lugar donde muchos encuentran una «familia alternativa».

El salón de las voces perdidas

Hay otros aspectos sobre los efectos de la tecnología de la comunicación que es importante destacar. Vivimos en una época en la que la velocidad se ha convertido en la seña de identidad histórica y global, que determina la casi totalidad de las acciones humanas. La sociedad de la impaciencia podría ser el modo de nombrar la característica de nuestro tiempo. WhatsApp, la aplicación de mensajería instantánea más utilizada en todo el mundo, hace ya tiempo que incorporó la opción de que el usuario pueda ocultar la hora a la que se ha conectado por última vez, o si ha leído los mensajes. Cuando la expectativa de respuesta inmediata no se ve cumplida, eso puede ser motivo de ofensa, sentimiento de desamor y disputa. El texto escrito va progresivamente sustituyendo a la voz. En las aplicaciones de citas los interlocutores generalmente se conectan por primera vez mediante mensajes escritos y así suelen continuar. Se seducen, se aman, se excitan, se pelean, incluso rompen por escrito.

La propia lengua inglesa ha producido un desplazamiento semántico. El sustantivo *chat*, que significa «charla», ha derivado su uso en el entorno cibernético al intercambio de mensajes escritos. La voz implica un compromiso mayor, en el que muchas personas —y en especial las jóvenes generaciones— no desean implicarse. La voz pone en juego no solo el significado aparente de un mensaje, sino que también revela algo mucho más esencial: da el tono emocional, modula el contenido de lo que se comunica, al punto de que puede entrar en franca contradicción. La voz nos entrega lo *que* se dice y el *cómo* se dice, pero también transmite lo que no se dice. La voz apunta a una verdad del mensaje que está más allá de las palabras, que no se capta en la literalidad del sentido. Es por ello que la tecnología, cuyas ventajas se promocionan invocando el ideal de la proximidad, puede al mismo tiempo producir el efecto contrario. Esto se percibe incluso en el empleo de sistemas más completos como la comunicación mediante videoconferencia. Desde luego que no pondremos en discusión que se trata de un prodigio técnico que ha cambiado nuestra vida y que desde un punto de vista ha acortado la distancia, ha traído a la presencia la imagen y la voz del ausente, ha hecho posible que los negocios, la educación, el amor, el sexo, las relaciones familiares, salven la dimensión del espacio-tiempo. El problema comienza cuando se desdibujan las diferencias entre la vida real y la videoconferencia, cuando la realidad empieza a funcionar como un videojuego, cuando los sujetos se deslizan subrepticiamente hacia la pérdida de sus facultades para soportar la existencia ordinaria.

Realidad virtual, realidad aumentada, realidad holográfica, ponen de manifiesto que el ser humano no ha podido ni podrá jamás soportar su vida sin el auxilio de un artificio (simbólico, imaginario o real) que lo separe de su mísera existencia, empujada hacia la deriva de la incertidumbre. James Poniewozik hacía una impactante observación en una reseña de la *keynote* realizada por la compañía Apple con motivo del lanzamiento de sus últimos modelos de iPhone, cuando en la gigantesca pantalla de la sede de Cupertino se mostró la fotografía de un cielo estrellado:

> El cielo de ese *iPhone* se ve mucho mejor que el cielo corriente que veo con mis ojos humanos corrientes... Si la publicidad alguna vez nos dijo: «Todo va mejor con Coca-Cola», este evento nos dice: «Todo luce mejor con Apple[13]».

---

13. PONIEWOZIK, J.: "At the Apple Keynote, Selling Us a Better Vision of Ourselves", *The New York Times*, 12/09/2017, https://nyti.ms/33cUhwh

Google, el memorioso

El presente y el futuro se nos muestran bajo la perspectiva del imperio absoluto de los datos. Los seres humanos y sus vidas, mutados en algoritmos alojados en la nube, se enfrentan al desafío de una alienación nunca antes concebida. Se trata de un proceso histórico cuya fuerza y destino no está dominado por nadie, ni siquiera por aquellos que son responsables de la ciencia aplicada, ya que la evolución de ese discurso escapa al control de sus inventores y de quienes sirven a él. El adjetivo «viral», con el que se califica la propagación exponencial de una noticia, expresa muy bien el hecho de que el saber científico y sus consecuencias aplicadas constituyen un organismo proteico que se proyecta de manera imprevisible. La creación de una memoria absoluta, en la que toda nuestra biografía en sus mínimos detalles queda registrada para siempre, sin posibilidad del recurso al olvido, no es una utopía, sino una realidad palpable, que se funde con la eterna fantasía de la inmortalidad. *Facebook* demoró mucho tiempo antes de ceder a la presión de los usuarios para que puedan disponer de un modo de borrar las cuentas de aquellas personas que han fallecido[14] y, al mismo tiempo, la plataforma *Eternime*[15] nos ofrece la posibilidad de vivir eternamente en el recuerdo de nuestra descendencia, adquiriendo así una suerte de inmortalidad en el cielo digital.

No es una novedad que los seres humanos se lancen a la búsqueda de otra vida. El deseo, que es esencialmente el deseo de otra cosa y nos mantiene en movimiento, no ha esperado a las nuevas tecnologías

---

14. *Cf.* CRENSHAW, L; PETITTE, P; ROBERTS, K.: "How to Delete a Deceased Loved One's Facebook Page", *NBC Washington*, 17/06/2013, https://bit.ly/2Cc59OQ

15. Véase: http://www.eterni.me/

para encontrar sus espejismos. Tal vez la diferencia hoy en día sea que el mundo digital es para muchas personas un lugar más habitable que aquel donde no tienen más remedio que pisar. Un sinnúmero de sujetos confiesa que una vida «mixta» es lo más preciado que posee. Incluso ya no es imprescindible disponer de tiempo para sentarse frente a un ordenador. El teléfono móvil, siempre a mano, es el portal que nos franquea «en simultáneo» el acceso a esa otra realidad. No solo nos permite desempeñar una multitarea, sino también una «multivida», y esto último es el punto más sensible de la cuestión. Aunque nos resulte difícil de concebir, lo cierto es que para muchísimas personas esa segunda vida proporcionada por el sistema *Second Life* es la única vida que cuenta: la que transcurre en el ciberespacio.

Hay un verbo que las redes sociales han potenciado hasta el infinito: «compartir». No es momento de debatir hasta qué punto nuestra contemporaneidad refleja un mundo más o menos solidario que el de otras épocas. Me interesa en este contexto señalar que «compartir» significa algo distinto del sentido común. Para muchos sujetos, en especial los adolescentes y los jóvenes, compartir una fotografía, un mensaje, una idea, o simplemente un fragmento mínimo y en apariencia insignificante de su vida cotidiana, es conferirle una existencia. El «momento» no cobra auténtica vida hasta que el Otro[16] no lo ha validado con su mirada, o con un *like*. El reconocimiento del Otro es una forma de cerrar el circuito significativo de las vivencias, los pensamientos, los sentimientos, que no culminan el proceso de significación hasta que el mensaje no recibe la sanción de la lista de contactos. La

---

16. El Otro es un concepto creado por Lacan que será empleado a lo largo de este libro. En esencia, se refiere a la estructura simbólica del lenguaje, así como un modo de nombrar el lugar del inconsciente.

lista de contactos es el conjunto de piezas de repuesto imprescindibles hoy en día para el mantenimiento de lo que llamamos el «yo ideal», que es el modo en que el yo desea ser visto por los otros.

Existe una ley inexorable que se ha demostrado válida a lo largo de la historia, que hemos mencionado, y sobre la que conviene insistir: siempre se comprueba una discordancia entre el surgimiento de una invención tecnológica que entraña una profunda alteración en la sociedad y la capacidad que los sujetos tienen para procesar ese cambio. Aunque las personas parezcan adoptar de forma inmediata las novedades técnicas, esa velocidad en el uso se anticipa respecto del tiempo que la subjetividad requiere para su comprensión. Eso implica una dificultad para apreciar correctamente el alcance y los efectos directos y colaterales de los cambios sociales.

Es evidente que un gran número de cosas que hoy nos resultan familiares y que nos acompañan de forma natural en nuestra cotidianidad, no lo eran para las generaciones previas. Por ejemplo, cincuenta empleados de una plantilla compuesta por ochenta trabajadores de una empresa de Wisconsin se han ofrecido voluntarios para que se les implante un microchip en la mano[17]. De ese modo, pueden fichar automáticamente su entrada en la fábrica, pagar en la cafetería, y realizar otras acciones más. «Esto en muy pocos años va a ser normal», comenta uno de los trabajadores respecto de la ola de críticas que se expandieron por los medios cuando se conoció la noticia.

Evidentemente, antes de que se inventaran los aviones no existía la fobia a volar. A nadie se le ocurriría hoy alertar contra los peligros de la aviación porque hay un gran número de personas que son

---

17. *Cf.* "Wisconsin Company Continues to Microchip Employees, Expands Technology", accesible en: https://bit.ly/34oFWwQ

incapaces de subirse a un avión, o lo hacen soportando niveles muy altos de angustia. Es innegable que las mutaciones que la ciencia aplicada introduce en nuestras vidas traen consecuencias, algunas de ellas negativas, por cuanto se manifiestan en forma de síntomas nuevos. El aumento exponencial de los trastornos de aprendizaje, que se traduce en el diagnóstico abusivo del denominado Trastorno por Déficit de Atención e Hiperactividad (TDAH), no solo debe abordarse como la invención de un trastorno que beneficia los intereses de la industria farmacéutica. Toda la información, la transmisión de mensajes y la tecnología de la comunicación en su conjunto (regida por el valor supremo de la velocidad) han hecho de lo instantáneo el modelo de la relación del sujeto moderno con el tiempo. Cada vez resulta más difícil lograr que la atención se detenga más allá de un breve lapso, en especial si el mensaje no se acompaña de un elemento visual, como lo demuestra el empleo cotidiano del *PowerPoint*. Crece la dificultad para que los niños y los jóvenes puedan comprender, elaborar y reflexionar sobre un texto, puesto que lo habitual es la incesante lluvia de centenares de estímulos breves, simplificados, fugaces, que son absorbidos de manera casi inconsciente.

Si el síndrome de fatiga crónica es la expresión moderna del cansancio de vivir, el déficit de atención es el signo de la expansión ilimitada de la hipertextualidad, del sujeto que se desliza sin rumbo ni propósito, cautivo en el frenesí de la multitarea: poder hablar por teléfono, ver un video, escribir un texto y responder a un mensaje, todo ello de manera simultánea. Es indudable que esta forma de alienación no puede entenderse si no se admite que la relación con los dispositivos técnicos y sus aplicaciones no es algo que solo transcurre en el plano cognitivo. Un misterioso goce se deduce del carácter adictivo que para muchos sujetos tiene lo que se denomina *multitasking* [multitarea]. Estas conquistas, celebradas como logros que impulsan el rendimiento de las capacidades humanas, en ocasiones entrañan consecuencias que se verifican como síntomas. Los síntomas son algo así como lo que objeta la idea falaz de que el progreso es un camino lineal. La aventura humana es un fabuloso compendio de gestas y tragedias. La labor de un psicoanalista es muy modesta, puesto que la incidencia de su voz es apenas audible en el ruido ensordecedor de la historia. No obstante, estamos ahí, atentos a lo que cae, lo que se desecha, lo que flaquea, lo que tropieza, tiembla, se escabulle, o incomoda al discurso triunfal de la razón ilustrada.

La técnica nos ha situado en un estado que la autora norteamericana Sherry Turkle sintetiza muy bien en el nombre de uno de sus libros más importantes: *Alone together* [Juntos en soledad][18]. La hiperconectividad, que ha inaugurado innumerables comunidades a lo largo y ancho del planeta, reunidas en torno a toda clase de signos identitarios, y que ha permitido a sujetos aislados de cualquier vínculo encontrar un alojamiento en la magia de las redes sociales, es —paradójicamente— lo que también nos separa, crea una barrera invisible, un filtro difícil de atravesar. La presencia real va convirtiéndose en algo extraño, invasivo. Mandamos un mensaje de texto a alguien que está en la habitación de al lado y muchas parejas encuentran normal comunicarse por WhatsApp estando uno junto al otro. La palabra es mucho más que significado. Los emoticonos, que se han inventado para dotar a lo escrito de esa cualidad insustituible

---

18. *Cf.* TURKLE, S.: *Along Together*, accesible en: http://alonetogetherbook.com

de la palabra viva, no pueden suplir la progresiva evanescencia del sujeto hablante en el universo digital. Se trata de una impactante transmutación. Por una parte, la presencia se vuelve innecesaria. Al mismo tiempo, el cuerpo va siendo colonizado por los mecanismos técnicos. El futuro inmediato es la progresiva «internalización» de los dispositivos, esto es, su desaparición en el mundo periférico y su ingreso en el interior del organismo viviente.

La cultura de internet, el universo en el que pronto dejará de distinguirse entre lo virtual y lo real, ha llegado para cambiar de manera definitiva el curso de la historia de la humanidad. Para muchos, es la oportunidad de encontrar una salida de emergencia por la que escapar de sí mismos. Para otros, es el lugar donde construir una red social que en ocasiones puede sustituir a la familia de la que se carece, o mejorar la que se tiene. Hay quienes usan la interconectividad como refugio del hastío de la vida y otros para crear proyectos que mejoran la vida de miles de personas. Del mismo modo que un simple palo pudo servir para alcanzar frutos de un árbol, cavar un surco, cazar un animal o romper el cráneo de un semejante, la técnica es y seguirá formando parte de la condición humana, sirviendo a fines diferentes, algunos a favor del deseo de vida, otros en beneficio de intereses letales. Al igual que en cualquier otra esfera de lo humano, siempre tropezaremos con el síntoma, con lo que no funciona. Será precisamente allí, en eso que no anda según lo que los algoritmos han previsto, donde lo más propiamente humano seguirá resistiendo. Si alguna visión positiva podemos aportar los psicoanalistas respecto del futuro, es que siempre habrá algo que no funcione, aunque esto pueda sonar extraño. Mientras eso continúe sucediendo, mientras algo de nosotros se niegue a la automatización y a la completa absorción de la existencia en la economía del cálculo y la programación, podremos confiar en que nos mantendremos vivos.

Capítulo II

Milenarismo[19] *High Tech*

En un corto lapso hemos pasado de las metáforas del cerebro concebido como un sistema operativo de altísima sofisticación, a las metáforas de los superordenadores capaces de replicar un cerebro humano o de «cargar» la «mente» de una persona y alojarla en una especie de vida digital eterna. Las unas y las otras son metáforas que rebosan un optimismo fraudulento, enunciadas con asertividad performativa, responsables a su vez de la expansión global del cientificismo. Su principal peligro reside en que su carácter ficcional se confunda con una literalidad empírica, distorsionando así tanto las expectativas respecto de la tecnología como las necesidades que vendría a satisfacer. Es el caso, por ejemplo, de creer que la *memoria* en el sentido informático del término es equivalente a la memoria en el plano del ser hablante. Una vez más, nos encontramos ante el terrible y

---

19. Empleo el término «milenarismo» tal como lo desarrolla Norman Cohn en su obra *En pos del milenio* (Logroño, Pepitas de calabaza, 2015). Una profecía sobre el fin del mundo, así como el advenimiento de una instancia mesiánica salvadora.

demiúrgico poder del lenguaje: no solo en lo que respecta a lo que se dice, sino también al lugar desde donde se habla.

Por ese motivo, parece acertado rehusarse al concepto de «la tecnología», bajo el que hemos sido educados con el fin de hacernos creer que el bien y el progreso son aliados naturales, y pensar por el contrario en términos que reconozcan la pluralidad. Existen diversas tecnologías, y la distorsión promovida por el discurso mercantil consiste en convencernos de que la aceleración en el campo de las telecomunicaciones y el procesamiento de datos posee un correlato semejante en otros aspectos, tales como los avances en materia de salud o de recursos energéticos. Resulta evidente que en estos últimos dos ejemplos el optimismo tecnomilenarista se da de bruces contra la realidad, y que ese mundo onírico donde las máquinas habrán de librarnos de nuestras pesadumbres y miserias es en verdad una débil cortina de humo que no alcanza a disimular la creciente acumulación de riqueza y poder en manos de una minoría que no solo no es abstracta, sino que está constituida por nombres propios, por seres reales motivados por intereses reales, muy alejados del altruismo que intentan transmitir.

En un breve pero clarificador ensayo[20], Richard Jones analiza con rigor lo que implica tomar el concepto de tecnología en un sentido unificado. Lo considera un error decisivo, y a fin de despejar un poco la confusión reinante nos recuerda que existen tres áreas distintas de innovación tecnológica: el área de la *información*, el área de la *materia* y el de la *biología*. Cada una de ellas tiene sus respectivos condicionantes y restricciones, así como distintos requerimientos. Es cierto que el

---

20. *Cf.* JONES, R.: "Accelerating change or innovation stagnation?", accesible en https://bit.ly/2PLVhU7

área de la información avanza a una gran velocidad, puesto que entre otras razones no exige una gran infraestructura. En al área de la materia, las cosas llevan más tiempo y son mucho más caras. El área de la biomedicina y la biotecnología supone una serie de problemas muy concretos y diferentes, puesto que los entes vivos son mucho más difíciles de someter a los procedimientos de la ingeniería. El objeto vivo reacciona y en ocasiones lo hace de forma imprevisible, desafiando las expectativas de los ingenieros y los biólogos. Sucede, por ejemplo, en el terreno de las células madres y la producción de tejidos, cuyo desarrollo es muchísimo más lento de lo que se había anunciado. Transferir las ventajas y los avances del mundo informático a la nanotecnología y a la biología sintética puede resultar decepcionante y hasta fraudulento[21]. Silicon Valley no solo es el centro estratégico de las revoluciones tecnológicas. Es también, y con demasiada frecuencia, el reservorio de ambiciones enloquecidas, deseos ciegos y embriagados por la euforia de un delirio performativo, el impulso que confunde la retórica desiderativa con las conquistas logradas.

El psicoanálisis —o más específicamente los psicoanalistas, que a menudo no parecen orientarse demasiado bien en su percepción de la época y adoptan posiciones moralizantes— debe salir rápidamente del absurdo debate entre defensores y detractores de la tecnología. Como cuestión preliminar a todo análisis que atraviese el nivel del sentido y, por ende, del

---

[21]. Como ejemplo de los límites que pueden franquearse, véase el caso de la compañía Theranos, fundada por Elizabeth Holmes, dedicada a la innovación en el terreno de las analíticas de sangre. En junio de 2018 Holmes fue declarada culpable de fraude y conspiración. La historia completa en *Bad Blood*, de John Carreyrou (Knopf, 2018).

fantasma[22], es preciso participar de forma decidida en todo aquello que contribuya a perforar, borrar, tachar, inconsistir, la noción monolítica de «la tecnología».

Aunque la imagen del desarrollo tecnológico como un orden supremo que no obedece a una dirección central resulta hasta cierto punto atractiva, incluso cierta, puesto que con desagradable frecuencia algunas criaturas técnicas escapan de las manos de sus creadores y parecen adquirir una vida propia e independiente, es preciso refutar con absoluta energía la religión transhumanista que pretende convencernos de un destino que está escrito en el libro de la historia. Las tecnologías no evolucionan por sí mismas: son el resultado de acciones, decisiones y reacciones que involucran a numerosos actores e inversores. No constituyen un bien *per se*, ni tampoco son la encarnación de un poder diabólico. Están sujetas a los avatares del discurso y su papel depende en gran medida no solo de los fines con los que se las emplea, sino fundamentalmente de las metáforas con las que se venden. Lejos de ser la expresión de una conquista posideológica, son el vehículo de toda clase de ideologías que pueden servirse de ellas con las mejores o peores intenciones. No solo compramos dispositivos técnicos por los indiscutibles servicios que nos prestan: lo hacemos, ante todo, porque somos consumidores de las metáforas que conforman su *packaging*.

Esas metáforas —le cabe aquí al psicoanálisis el mérito de haber podido sondear en su fundamento— deben su éxito planetario a la capacidad de evocar, provocar, incluso desbocar, el goce y su íntima relación con el cuerpo. De allí que en nuestra perspectiva, y a

---

22. El fantasma, término que Lacan emplea para referirse al concepto de fantasía inconsciente postulado por Freud, es un relato, una ficción de la realidad que nos construimos, una suerte de «clave de lectura» con la cual interpretamos el mundo y nuestra posición en él.

diferencia de los enfoques sociológicos o económicos, nos interesa particularmente no tanto los fines para los que se emplean las tecnologías, en abstracto, sino el uso sintomático que cada ser hablante, uno por uno, hace de los recursos tecnológicos a su alcance. Esto implica proceder, en cada caso, a localizar lo tecnológico en el contexto de una narratividad que lo desprende de los significantes transmitidos por el discurso del amo y lo enlaza a la historicidad propia, alejándolo de la pura alienación.

Aunque los fantasmas agitados por el tecnofuturismo sean en definitiva tan antiguos como la condición humana misma, lo cierto es que su discurso ha logrado aumentar aún más el terror a la finitud y la mortalidad. Lo ha hecho valiéndose de las coordenadas mentales de una época en la que el sentido de la trascendencia se apoya en la moda de los *selfies* por *Instagram* o en la tragedia de los fanatismos terroristas. La idea de que el futuro debe diseñarse y que ese diseño no puede estar en mejores manos que las de una tecnocracia, conduce paradójicamente a posiciones retrógradas. Las inversiones y apuestas al futuro son al mismo tiempo maniobras para distraernos de los problemas del presente y para proyectar un campo de utopía a la medida del pensamiento mágico.

El Future of Life Institute es un proyecto situado en Boston, que reúne a científicos, ingenieros, filósofos y personalidades de la cultura con el propósito de fomentar un buen uso de la tecnología y prevenir sus riesgos. El 24 de mayo de 2014 realizó un coloquio bajo el título "The future of Technology: Benefits and Risks", en el que participaron reputados panelistas[23]. Es interesante observar cómo en algunos momentos de la discusión se introduce con toda naturalidad

---

23. Transcripción del coloquio "The future of Technology: Benefits and Risks", accesible en: https://bit.ly/2JLL46y

la idea de que en algún momento tendremos que abandonar el planeta y que será conveniente que los humanos nos preparemos ya genéticamente para afrontar los desafíos de un viaje semejante[24]. La lectura de la transcripción de este evento pone de manifiesto, por una parte, que incluso en una institución de estas características, en la que participan premios Nobel y académicos de inmenso prestigio, el pensamiento transhumanista y el milenarismo tecnogenético están presentes, y constituyen una fuerza impulsora de numerosas investigaciones. Por otra parte, esa confianza en las posibilidades de una tecnología bondadosa y beneficiosa para la humanidad se sostiene, entre otros fundamentos, en la creencia de que el mal puede erradicarse mediante los intercambios de información con las comunidades y sus agentes.

El mensaje de optimismo es «hablando se entiende la gente», incluso en materias tales como qué sería necesario eliminar de la dotación genética y qué habría que añadírsele para la eventualidad de una emigración planetaria. Esa positividad característica del pragmatismo americano y que se ha extendido especialmente en el ámbito de las nuevas tecnologías, arroja la evidencia de una especie de ley que puede describirse más o menos así: existe una proporción

---

24. George Church, profesor de genética en el Harvard Medical School, expresa en un momento de su intervención en el coloquio: «Tendremos otras oportunidades si abandonamos el planeta. Podremos elegir si queremos llevar nuestras enfermedades con nosotros. Sería como un Arca de Noé donde incluyésemos el Ébola, la viruela, y todo el resto, o podemos decidir dejarlo atrás. Es una gran decisión a tomar, y una gran oportunidad. Del mismo modo en que en los años veinte de este siglo habrá muchos animales libres de gérmenes, pollos, cabras, ratones, etc., podríamos tener humanos libres de bacterias» (*op. cit.*).La metáfora es doblemente asombrosa, tanto por su apelación al mito bíblico como por la incomprensible necesidad de que esa «decisión» (el significante pone de manifiesto la voluntad demiúrgica subyacente) se tome pensando en el abandono del planeta, en lugar de hacerse cuando todavía estamos en él.

invertida entre la magnitud de sofisticación del saber alcanzado por los protagonistas del mundo científico y técnico, y su comprensión sobre la condición humana. Se percibe aquí con cristalina claridad la tesis de Lacan del sujeto del psicoanálisis como aquello rechazado y excluido por el discurso de la ciencia y que ahora verificamos en el discurso de la técnica. Sorprende la ingenuidad de los argumentos con los que algunos científicos creen que podrán evitarse los efectos indeseables de las tecnologías, como si pudiésemos tutelar su trayectoria más allá de los intereses económicos y políticos que dominan el campo de la investigación y el desarrollo.

Básicamente —dice uno de los panelistas— si conversamos más entre nosotros [se refiere a la comunidad humana], contando con información, esa puede ser una de las mejores cosas que hagamos para maximizar nuestra capacidad de beneficiarnos de algunas de las ideas y tecnologías que promovemos y protegernos de decisiones de las que más tarde podríamos arrepentirnos[25].

El contraste entre el currículo académico del panelista, por un lado, y su creencia en las buenas intenciones y la discusión «democrática» sobre los usos adecuados de las tecnologías por otro, no puede ser más asombroso. No obstante, como en última instancia los científicos y los ingenieros también son seres hablantes, la anécdota que relata un especialista en manipulación genética no tiene desperdicio. Tras escuchar en la escuela una charla sobre usos de la genética en la reproducción asistida y prediagnóstico embrionario, un niño exclamó: «Todo este asunto

---

25. Transcripción del coloquio "The future of Technology: Benefits and Risks", accesible en: https://bit.ly/32c23VY

no me interesa en absoluto. Lo único que yo quiero saber es si mis padres seguirán queriéndome»[26]. ¿Qué quiere saber el niño? Su comentario apela a lo que está verdaderamente en juego: lo que él es para el deseo del Otro. Sería absurdo —más aún, propio de una mentalidad retrógrada— desconocer los inmensos beneficios que la ingeniería genética nos aporta y todo lo que aún cabe esperar en materia de prevención y curación de enfermedades. Pero tampoco puede omitirse el hecho de que la genética discurre por un peligroso borde, que la abisma hacia el deseo de un Otro capaz de encarnar lo más atroz. Ese precipicio no puede ser evitado con medidas pedagógicas.

Es posible que el punto más crucial de ese apasionante coloquio haya sido el debate generado a partir del tema de la Inteligencia Artificial (IA). Desde que Isaac Asimov estableciera sus célebres leyes de la robótica[27], la idea de que la IA es uno de los desarrollos tecnológicos que implica terribles riesgos puede comprobarse echando un vistazo a los incontables organismos, públicos y privados, creados a partir de la preocupación por el denominado «riesgo existencial»[28], así como los miles de artículos,

---

26. *Ibíd.*

27. Aparecidas por primera vez en su cuento Roundaround, publicado en 1941 en la revista *Astounding Science Fiction*, plantean: 1) Un robot no hará daño a un ser humano o, por inacción, permitir que un ser humano sufra daño. 2) Un robot debe cumplir las órdenes dadas por los seres humanos, a excepción de aquellas que entrasen en conflicto con la primera ley. 3) Un robot debe proteger su propia existencia en la medida en que esta protección no entre en conflicto con la primera o con la segunda ley. A partir de ese momento, estas tres reglas fueron y siguen siendo una referencia fundamental para los ingenieros, programadores y diseñadores de tecnología aplicada a la robótica.

28. Según la definición de Nick Bostron, filósofo de la Universidad de Oxford, el riesgo de que «un resultado adverso podría aniquilar la vida inteligente originada en la Tierra o reducir permanente y drásticamente su potencial» véase en: https://bit.ly/36vVl06

debates y disputas que esto ha suscitado. La polémica es sumamente compleja y resulta difícil orientarse entre las diversas opiniones. El coloquio mencionado alcanza su clímax cuando se admite que las leyes de Asimov difícilmente puedan cumplirse. ¿Debería incorporarse un *kill button* [botón de eliminación] en todos los dispositivos dirigidos por la IA? De ese modo se podría intervenir rápidamente en el caso de que dicho dispositivo iniciase una acción indeseada. ¿Pero eso no podría ser al mismo tiempo el punto débil de dicho dispositivo, fácilmente hackeable por agentes enemigos con el fin de anularlo? Por supuesto, en todo el debate se parte de la idea de que los enemigos, los malos, los que pueden poner en peligro nuestra seguridad son siempre los otros. Los usos militares de la inteligencia artificial son la principal fuente de inquietud en la comunidad tecnocientífica, que implícitamente asume que el ejército «malo» es el del enemigo, jamás el propio.

Capítulo III
Una paranoia extendida

Una de las características más peculiares de la vida contemporánea es la paradoja de que la obsesión por la prevención de los riesgos no ha contribuido a mejorar las condiciones de vida, ni a satisfacer las expectativas ni a proporcionar seguridad a los ciudadanos, sino más bien a lo contrario. No pretendo de entrada darle al término «paranoia» su estricto carácter clínico, sino que me valdré de él para describir un estado de la civilización en el cual todo sujeto es potencialmente sospechoso. A partir del momento en que Occidente decide una política general que abarca todos los aspectos humanos y que emplea una inmensa dotación de dispositivos de saber, la vigilancia se convierte en una acción prioritaria. Cuando me refiero a dispositivos de saber, incluyo a todas aquellas disciplinas científico-técnicas que se arrogan la capacidad de evaluar, anticipar y prevenir el surgimiento de acontecimientos que pongan en peligro la estabilidad de los sistemas políticos, legales, económicos, sanitarios y culturales. La vigilancia de la que Michel Foucault se ocupó en su extraordinaria obra *Vigilar y castigar*[29], cobra una actualidad indiscutible, a pesar de que por entonces no podía aún preverse la transformación social que habríamos de experimentar hoy en día. Esa transformación consiste, entre otras cosas, en el hecho subrayado por Zygmunt Bauman de que la manipulación política ha alcanzado actualmente la facultad de lograr que inmensos sectores de la población se muestren plenamente dispuestos a dejarse arrebatar una parte sustanciosa de la libertad en beneficio de la supuesta seguridad que con ello habrían de conseguir[30]. La vigilancia, que sin duda tiene su expresión más notoria en la expansión creciente del número de cámaras que filman diariamente nuestra vida en la calle, oficinas, bancos, edificios y toda suerte de lugares públicos y privados, no se limita a esta dimensión de control visual. Si Freud aventuró en el año 1915 la tesis de que existe en nuestro interior una instancia interna por la que nos sentimos observados, escrutados, evaluados, y a la que en esa época denominó Ideal del Yo (para más tarde trasladar esa función a la figura del superyó), fue con el propósito de demostrar, entre otras cosas, que el sujeto tal como el psicoanálisis lo concibe no puede ocultarse, y que sus deseos más íntimos y secretos son conocidos por un dispositivo de control y vigilancia del que no hay escapatoria posible. En esa instancia que puede alcanzar una magnitud persecutoria se encuentra el germen larvado de la paranoia, solo que el enfermo paranoico experimenta la severidad de esa conciencia moral como una manifestación hostil que proviene

---

29. *Cf.* FOUCAULT, M.: *Vigilar y castigar*, Madrid, Biblioteca Nueva, 2012.
30. BAUMAN, Z. y DESSAL, G.: *El retorno del péndulo. Sobre psicoanálisis y el futuro del mundo líquido*, Madrid - Buenos Aires, Fondo de Cultura Económica, 2014.

del mundo exterior. Lo que entonces solo formaba parte del mundo psíquico, se ha convertido en una forma de control que se sustenta fundamentalmente en la recolección abrumadora de datos. La sociedad de la información es una maquinaria de colosales dimensiones que constituye una verdadera amenaza para uno de los fundamentos de la subjetividad: la dimensión del secreto.

En su estudio sobre la construcción del sujeto humano, tanto Freud como Lacan acentuaron el paso decisivo que supone en el niño el descubrimiento de que los otros, en particular las figuras parentales, no poseen el don omnipotente de conocer sus pensamientos. Esa revelación tiene una función decisiva, puesto que inaugura un salto cualitativo en la vivencia del sujeto, quien a partir de entonces dispondrá de la posibilidad de mentir. Las primeras mentiras infantiles son correlativas al hecho de que el niño es capaz de percibir que puede resguardar en su interior un espacio privado, inaccesible al saber del otro. El sujeto se constituye de este modo como algo no sabido por los otros, pero al mismo tiempo se mantiene en una posición de no saber sobre una parte de sí mismo, que llamamos el inconsciente. En la psicosis, las relaciones con el saber se muestran alteradas, de tal modo que el sujeto experimenta el saber inconsciente como algo que le vuelve desde el exterior y que retorna desde los otros, a los que restituye la primitiva omnipotencia, es decir, la facultad de conocer sus pensamientos e influir sobre ellos.

En la actualidad, mantener un secreto es algo sumamente complejo y que se sustrae por completo al control de los sujetos. Cuando comprendemos que aquello que se denomina globalización se traduce en el hecho de que el mundo virtual va colonizando progresivamente el espacio hasta anular la dimensión de un punto exterior a él, nos damos cuenta de que eso se expresa en la transformación de la vida humana en un conjunto de datos que abarcan todo el espectro imaginable: su dimensión económica, social, política, sanitaria, sus hábitos de vida, sus valores biológicos, su comportamiento, etc. Es prácticamente imposible que alguien pueda mantenerse fuera de ese dispositivo de saber. La complejidad de las vías de obtención de datos y su tratamiento no permiten una existencia aislada. Si acaso sucede que alguien no está aún registrado en la Gran Lista, si por ventura un individuo no es localizable en el mundo que cada vez va constituyéndose como el verdadero mundo real, entonces ese individuo o bien no tiene una auténtica existencia, o bien es sospechoso.

La compañía Google, tras un largo debate con asociaciones ciudadanas, pero en particular con el Senado norteamericano, ha inaugurado una política para solicitar lo que se denomina la «retirada de la identidad digital». Es un proceso lento, y en muchos casos tan complejo y costoso que —dependiendo de las personas y de su importancia mediática— puede ser prácticamente imposible, a menos que se disponga del suficiente dinero como para contratar los servicios de subcompañías especializadas. Brad Pitt no debió sudar mucho al desembolsar los diez millones de dólares que aseguraron la retirada de la web de algunas fotos de su esposa que podían perturbar la armonía familiar.

Cómo desaparecer, un libro que ha vendido millones de ejemplares en todo el mundo y cuyo autor es Frank Ahearn[31], uno de los mayores expertos en materia de contravigilancia informática, explica con todo detalle

---

31. AHEARN, F. y HORAN, E.: *How to Disappear: Erase your Digital Footprint, Leave False Trails, and Vanish without A Trace*, Lyons Press, 2010.

y asombrosa información la infinita cantidad de datos que se disponen sobre los ciudadanos de gran parte del planeta. Ahearn, a quien el FBI contrató en su momento para dar con el paradero de Mónica Lewinsky cuando la joven intentó huir tras el escándalo de su *affair* con Clinton, está considerado como la única persona en el mundo capaz de hacer desaparecer a alguien, emplazarlo en un lugar remoto del mundo y dotarlo de una nueva identidad. Su empresa, dedicada a la venta de privacidad, es una de las compañías más lucrativas que existen en los Estados Unidos. En un mundo que cada vez se lleva peor con el inconsciente, la privacidad se ha convertido en un negocio multimillonario.

Repasemos brevemente qué es lo que Lacan dijo cuando expuso su concepto del sujeto del inconsciente. En primer lugar, sostuvo la premisa de que el sujeto no es una persona ni un ser, sino una entidad que solo tiene su existencia en el campo del discurso. El sujeto es aquello que se insinúa en un discurso que él no pronuncia, sino que es el discurso del Otro, si entendemos que el Otro tampoco es una persona real, sino el conjunto de los significantes que preceden la existencia de un ser humano, pero que de algún modo lo prefiguran, lo anticipan, lo representan. En tanto representado en ese discurso por las palabras que son enunciadas incluso antes de que advenga como un ente real en el mundo, yo soy como sujeto algo que no está presente. Soy un vacío, una pérdida, una falta de identidad y de ser. Soy lo que falta en el discurso que habla de mí, y que para colmo desconozco lo que dice. Es lo que llamamos el inconsciente: un saber que sabe lo que yo no sé, y en el que no me encuentro, pese a que ese saber rige mi vida. Durante muchos años, esta teoría del sujeto fue un eje rector en la enseñanza de

Lacan y en su concepción de la cura, una cura cuyo propósito fundamental consistía en capturar aquellos elementos del discurso, aquellos significantes claves que cifraban lo esencial de mi destino como sujeto. Pero esta teoría hubo de ser complementada y reelaborada para que pudiera albergar un aspecto fundamental: el hecho de que el sujeto es sexuado, y que el sexo, en el sentido psíquico y no biológico, no es enteramente susceptible de reducirse al lenguaje, aunque el lenguaje lo determine. De tal modo que si en el inconsciente el sujeto es una ausencia, tiene la posibilidad de recobrarse parcialmente como existencia en la satisfacción que obtiene en su cuerpo, y que Freud postuló como fundamentalmente sexual, en un sentido amplio que no se reduce al sentido común del término. Con independencia de que el saber es una cualidad humana por excelencia, es importante tener en cuenta que el psicoanálisis no lo aborda desde la perspectiva racionalista. Nos ocupamos del saber no en tanto actividad intelectual, sino como un nombre del inconsciente. El inconsciente es el saber que no sabemos que sabemos.

¿Por qué hago este rodeo? Porque vivimos en la era de la descomposición de la subjetividad en el océano de los datos. Hay una diferencia esencial entre el saber inconsciente y los datos que registran lo que se denomina una identidad digital. El sujeto del inconsciente carece de identidad, de allí que deba realizar un considerable esfuerzo y valerse de distintos artificios psíquicos para fabricarse lo que llamamos un semblante, es decir, una apariencia de identidad, siempre frágil y fundamentalmente asida a alguna modalidad de síntoma que le proporciona un referente, un punto de apoyo donde consigue conjugar algunos fragmentos de su historia, las huellas simbólicas que se trazaron en su cuerpo, y las reverberaciones que eso produjo en el modo en que se afana por perseguir la satisfacción de sus pulsiones. Cada ser hablante constituye en cierto modo un objeto cuya singularidad lo convierte en algo que falta en el mundo. El inconsciente no solo es una instancia psíquica. Es también un modo de nombrar el hecho de que el sujeto es una excepción a los objetos que la ciencia puede abordar, puesto que su lógica no admite una reducción a los algoritmos del universo físico matemático, ni a los datos secuenciales estudiados por la biología. No es una metáfora ni una ficción literaria o poética que la relación entre el deseo y el hombre requiera del misterio. Por el contrario, la poesía y la literatura constituyen el más auténtico y legítimo discurso donde el deseo encuentra su reflejo, y el psicoanálisis le ha dado una forma teórica y se ha servido de él, de ese misterio, para crear un método clínico que hace del agujero en el saber la esencia misma del sujeto. Por lo tanto, el saber del inconsciente y el saber de los datos no solo se distinguen, sino que se oponen, en tanto estos últimos aspiran a obtener un relevamiento completo del sujeto, reducido de este modo a un ente contabilizable y medible como un mero fenómeno natural.

Aproximémonos un poco más a la paranoia, pero en el sentido más estrictamente clínico. ¿Qué es la paranoia? Una estructura psicótica caracterizada por un delirio consistente y bien estructurado, de carácter fundamentalmente persecutorio. El paranoico se experimenta como objeto de una acción exterior, que ejerce sobre él un efecto pernicioso y que abarca un espectro muy rico y variado. Desde la injuria, la malevolencia, hasta el complot que procura su degradación o su eliminación física, pasando por una amplia gama de perjuicios de toda índole. Esa acción exterior, esa intención maligna, obedece a la construcción que el paranoico ha hecho del mundo (y que el psicoanálisis escribe con la letra A mayúscula), el lugar del Otro, que significa varias cosas. Por una parte, el Otro es el lugar de la palabra, del saber, de la verdad. Es el lugar donde el sujeto se constituye y a la vez del que está excluido, por ser el inconsciente. El neurótico ignora esta dimensión del Otro, y solo la experimenta en momentos determinados (el sueño, el lapsus, el acto fallido, un síntoma, que supone la emergencia en su vida de algo que viene de otra parte que no reconoce como propia). El neurótico está separado del Otro por lo que llamamos la represión. El paranoico, en cambio, está inmerso en su relación con el Otro. Padece su tormento, su proximidad, advierte su presencia, adivina su intención, percibe su influencia, padece sus intrigas, sufre la ignominia de sus ataques, insultos, alusiones. Se siente burlado, injuriado, difamado por ese Otro que no lo abandona, y que se manifiesta bajo la forma de voces, susurros, cuchicheos, risas, mensajes insinuantes, órdenes explícitas o confusas. El Otro sabe todo sobre él. Lo vigila, penetra en sus pensamientos más íntimos. El Otro es absoluto, compacto, inatacable. Es, en verdad, la acción feroz del lenguaje como intrusión no regulada por la represión, y que el paranoico encarna en un agente exterior. Un agente que no presenta fisura alguna que permita eludir su presencia. Es un Otro que no duerme, no descansa, no se apaga, está siempre alerta, lo cual exige por parte del paranoico una contraofensiva, es decir, una contravigilancia, un estado de perpetua atención. La totalidad del mundo se convierte en un territorio poblado de signos que es preciso observar, descifrar, descodificar. Nada sucede por azar. La contingencia está por definición descartada, puesto que los sucesos obedecen a una lógica implacable, rigurosa, que sigue un orden establecido por la maldad del Otro, y que el paranoico reconstruye en todos sus detalles, empleando para ello toda su energía psíquica. El psicoanálisis tiene un concepto que de forma muy sintética logra expresar el fenómeno: el Otro no está castrado, es decir, es un saber tan compacto que si pudiéramos observarlo al microscopio revelaría una densidad indivisible. La omnipresencia del Otro es un rasgo fundamental de la paranoia. En algunos casos, el sujeto se identifica a ese Otro, y asume sus intenciones y su voluntad. Se considera a sí mismo apóstol del Otro, entregado a propagar su mensaje o ejecutar sus órdenes. Es frecuente que en esas circunstancias el Otro se desdoble en dos figuras o instancias. Una que encarna el mal del que el sujeto debe protegerse y en ocasiones proteger a la humanidad, y otra que encarna al héroe que lidera la salvación, y emplea al paranoico como instrumento de lucha.

Existen numerosas aplicaciones que con distintos propósitos permiten conocer la localización de personas conocidas o desconocidas que poseen inclinaciones sexuales afines o deseos comunes. El término «compartir», como ya señalamos, ha devenido en uno de los verbos más utilizados en el mundo virtual. Lo que subyace a esta hermosa idea de una comunidad que comparte sus experiencias, sus emociones y la posibilidad de encuentros, es en verdad una compleja trama de algoritmos matemáticos que permiten establecer un intercambio instantáneo de datos. Yo puedo localizar a otros en la medida en que soy a su vez localizado y, todos juntos —los otros y yo— quedamos constituidos en el objeto de esa mirada absoluta que carece de toda intención, es una mirada vacía, una mirada que nos reduce a puro cálculo, volcado en bases de datos que almacenan nuestra vida deconstruida en trazos, rasgos, marcas, huellas, que son analizadas para extraer una esencia fundamental: la singularidad de nuestro goce, nuestro modo inconsciente de satisfacción. ¿A quién le interesa eso? A muchos. Tengamos en cuenta que nuestro goce no solo consiste en la clase de satisfacción sexual que podemos obtener por medios autoeróticos o sirviéndonos del vínculo con otro cuerpo. Nuestro goce está presente en lo que consumimos, lo que leemos, aquello en lo que trabajamos, en nuestras ideas políticas, nuestros juicios y prejuicios. No hay aspecto alguno de nuestra vida en la que el goce no deje su huella. O quizás sea más correcto decir que el goce que nos singulariza se expande y se infiltra en nuestro pensamiento, nuestro cuerpo y nuestros actos. Es evidente que —al menos de momento— no existe un modo de traducir el goce al cálculo. A pesar de que el neurótico obsesivo realiza ingentes esfuerzos para intentarlo y dedica gran parte de su tiempo a esa labor, las cuentas nunca le cierran bien y un incómodo y a menudo desesperante resto que no encaja lo obliga a reiniciar de nuevo el proceso de contabilidad. Los ingenieros informáticos trabajan de manera más racional, aleccionados por expertos que saben muy bien lo que buscan, aunque no empleen exactamente nuestros recursos teóricos. El hecho señalado por Lacan de que a la clásica distinción entre «valor de uso» y «valor de cambio» hay que añadirle el concepto de «valor de goce» ya es bien conocida por aquellos que trabajan en la industria emocional. *Quora* es un boletín de noticias elaborado por Google, y que envía de forma personalizada a cada uno de los usuarios que emplean su famoso navegador. Cada vez que realizamos una búsqueda en internet, esa acción queda registrada en una base de datos. Al cabo de un tiempo, los sistemas informáticos son capaces de agrupar esos datos y extraer de ellos un perfil acorde con las preferencias del usuario. A continuación, y apoyándose en los resultados, se diseña un boletín de noticias que puede interesar a esa persona, no solo desde el punto de vista intelectual, sino que incluye lo que podríamos denominar un perfil fantasmático del lector. No quiero con esto trazar un diseño apocalíptico del mundo contemporáneo, siguiendo el estilo milenarista de un Paul Virilio —pensador extraordinario pero demasiado capturado para mi gusto en la visión catastrofista— sino señalar los innumerables usos que de todo esto puede hacerse.

La tendencia a la recopilación indefinida de datos es seriamente cuestionada por muchas voces de científicos cualificados, que alertan contra el error de confundir colección con interpretación. Stephen Baker, especialista en matemáticas y autor de un libro apasionante titulado *The numerati*[32], explica que es imposible elaborar un modelo predictivo de hechos raros o sin precedente como el atentado de las Torres Gemelas o el de la Estación de Atocha. La razón estriba en que las predicciones de base matemática dependen de pautas de conductas pasadas. Pero sin embargo es ya más que sencillo estudiar los modelos de consumo, prever nuestros gustos y estimular a la gente a gastar. Aunque los modelos matemáticos sean insuficientes para alcanzar la «cifra» de satisfacción o de goce de un sujeto, pueden de todas maneras establecer un perfil basado en las tendencias de los deseos que, como sabemos, están condicionados

---

32. BARKER, S.: *Numerati. Lo saben todo sobre ti*, Barcelona, Ediciones Seix Barral, 2009.

por esa ficción singular que en psicoanálisis denominamos fantasma, refiriéndonos al campo de la fantasía inconsciente. Amazon puede determinar qué clase de lector somos en función de los libros que compramos. ¿Por qué puede hacerse eso? Porque los especialistas saben que existe una relación entre la semántica de la demanda y la satisfacción que se busca. A partir de eso, pueden construirse modelos matemáticos que explotan esa relación. Eso tiene su límite, el límite que la estructura de la subjetividad impone, puesto que lo que el psicoanálisis nos enseña es que si bien el campo del lenguaje ejerce una determinación decisiva en la construcción del sujeto, no es menos cierto que no recubre enteramente ese otro campo, tan fundamental como el primero, que es el campo de lo que Freud describió con el término de libido. El campo libidinal no se agota en las palabras, es decir, en los significantes, de allí que los modelos matemáticos están destinados a fracasar exactamente en el mismo punto en el que todo lenguaje se muestra insuficiente para expresar el goce de un ser hablante. Pero eso no impide una aproximación lo bastante precisa como para multiplicar de forma exponencial las posibilidades de ventas, de tal modo que en nuestro próximo libro que compremos por internet, Amazon nos ofrecerá, «de paso», la promoción de otro artículo que los algoritmos matemáticos han calculado como factibles para nuestro perfil de consumidores, que es, en definitiva, un nombre que alude a nuestra condición deseante.

Creo que en este punto resulta interesante introducir una diferencia importante entre el mundo desde la perspectiva de la ciencia y el de la técnica. Tendemos a confundirlos y eso nos impide comprender que la ciencia se ocupa de un real que no miente, que dice la verdad. Eso hace que el inconsciente y la ciencia sean en cierto modo incompatibles, porque si bien solemos decir que en psicoanálisis el inconsciente es casi un sinónimo de la verdad, de la verdad subjetiva, en realidad no es del todo justo. El inconsciente es una interpretación y como tal está sometido a las ambigüedades del significado, es decir, de la ficción. El inconsciente es el discurso que hace posible dar un cierto orden narrativo a nuestra existencia fraccionada, fragmentada, hecha de piezas sueltas: palabras míticas, contingencias, trozos de fábulas familiares, retazos de cuerpo, agujeros, trazados pulsionales, actos fallidos. Por el contrario, la técnica está más próxima al real del psicoanálisis[33], que es ese real que definimos fundamentalmente a partir del síntoma, entendido no solo en el sentido mórbido, sino también como signo de identidad, como huella específica e irrepetible de un sujeto y su modo de habitar el mundo. Ese modo de habitarlo es lo que podemos denominar el estilo de vida, pero en un sentido que no es sociológico, sino gozante. Vivimos conforme a una forma de satisfacción pulsional inconsciente que condiciona la mayor parte de nuestros actos. La técnica, a diferencia de la ciencia, se ocupa de eso. Ya no se limita a fabricar instrumentos, sino que se ha constituido como un saber poderoso y cada vez más influyente en nuestra forma de vida. La ciencia no se ocupa del goce ni de los deseos. Se mantiene a distancia de ellos, puesto

---

33. Lo *real* es un concepto que en la enseñanza de Lacan fue cobrando un valor cada vez más decisivo, al punto de que el psicoanálisis mismo se concibe como "ciencia de lo real". Como no posee una definición única sino cambiante a lo largo de la obra de este autor, para que el lector no analista pueda formarse una idea al respecto me limito a señalar que para Lacan: lo real es aquello que escapa radicalmente al sentido y, por lo tanto, a las posibilidades representativas del lenguaje. Lo real está directamente asociado al trauma, en tanto experiencia que pone al sujeto ante los límites que el inconsciente tiene para dar respuesta a determinados acontecimientos que quedan fuera de toda simbolización.

que su método nada quiere saber de eso. En cambio la técnica quiere saber, incluso se propone saberlo todo al respecto. Que su propósito desemboque en el acto fallido no invalida sus inmensos aciertos así como su potencial extravío. Una cámara de videovigilancia puede conducir a la captura de un asesino y también provocar un malentendido por el cual un movimiento inofensivo es interpretado como una amenaza. No lo olvidemos. Hasta que se demuestre lo contrario, todos somos sospechosos, incluso culpables, y por ende potencialmente perseguidos. Kafka lo supo mucho antes de que la cultura contemporánea lo verificase. La criatura que Munch pintó, con la boca desencajada por un grito, ha visto algo que nosotros no sabemos, pero que el Otro sabe; y, si proseguimos un poco más la lista, allí tenemos la frase que concluye el Seminario *Aun*, que Lacan dictó el de junio de 1973: «Saber lo que la pareja va a hacer, no es una prueba de amor»[34]. Por el contrario, y como la paranoia lo demuestra, cuando el Otro sabe en exceso, el odio está preparándose.

---

34. LACAN, J.: *El Seminario de Jacques Lacan. Libro 20: Aun*, Barcelona - Buenos Aires, Paidós, 2008, p. 177.

Capítulo IV

Profecías de una nueva humanidad

Resulta verdaderamente difícil orientarse en el nutrido número de voces que intervienen en la discusión contemporánea sobre las tecnologías, sus usos, sus beneficios y sus riesgos. No existe el más mínimo consenso sobre la verosimilitud o la probabilidad de muchas de las aseveraciones que salen a la luz en el marco de foros públicos, privados, artículos académicos, publicaciones, laboratorios y medios de prensa y comunicación. Los profetas del Apocalipsis tildan de negacionistas a quienes refutan la inminencia del día final. Quienes cuestionan la visión transhumanista son a su vez tachados de *luditas*[35].

Existen personalidades galardonadas con el

---

35. A comienzos del siglo XIX en Inglaterra, un movimiento obrero conocido como «ludismo» surgió en la ciudad de Nottingham y se extendió por el resto del territorio. Sus acciones de protesta contra las penosas condiciones de trabajo y la grave crisis económica consistieron en destrozar las máquinas de algunas industrias, especialmente textiles, a las que consideraban una amenaza para la subsistencia de sus puestos de trabajo como artesanos. En la actualidad, el término ludita se emplea para referirse a aquellas personas que rechazan la industrialización, la automatización y las modernas tecnologías en general. En cierto modo, constituyen la antítesis de los movimientos poshumanistas.

premio Nobel que sostienen con absoluta convicción el imparable avance hacia la singularidad tecnológica, mientras otras muchas de prestigio semejante califican a esas ideas como fraude científico, o manipulación intencionada al servicio de intereses económicos. ¿El discurso sobre los riesgos actuales es una fantasmagoría catastrofista o, por el contrario, la señal de alarma que tendemos a desoír por la angustia que suscita la posibilidad de que tales riesgos sean reales? En su ensayo "Existential Risks: analyzing human extinction scenarios and related hazards"[36], el filósofo Nick Bostron analiza de manera minuciosa los riesgos existenciales, es decir, aquellos que suponen la posibilidad de la extinción de la raza humana, o el estancamiento definitivo de su potencialidad. Poca atención se dedica a este tema, probablemente porque se trata de algo de lo que nunca hemos sido testigos y porque necesariamente tendemos a negar la posibilidad de su existencia. Aunque el sentido profano nos inclinaría a suponer que el mayor riesgo se encuentra en el peligro de una devastación nuclear, en verdad —según el autor— lo debemos situar en el uso deliberadamente malicioso de la nanotecnología. No puede desestimarse la fabricación de robots mecánicos a escala bacteriana, capaces de replicarse a sí mismos y de provocar el envenenamiento de la biosfera o su destrucción mediante distintos procedimientos. La lista de catástrofes enumeradas por Bostron es abrumadora, y por encima de todo destaca el hecho, razonablemente argumentado, de que la mayoría de ellas provendrá de la acción humana antes que de catástrofes naturales como la colisión de un meteorito. Sobre la estadística de su

---

36. *Cf.* BOSTRON, N.: "Existential Risks: analyzing human extinction scenarios and related hazards" Faculty of Philosophy, Oxford University, en *Journal of Evolution and Technology*, Vol. 9, Marzo 2002.

probabilidad, que Bostron sitúa en un 25% como mínimo, es más difícil formular un juicio. La lectura de este ensayo, como el de muchos otros, produce la impresión de que es verdaderamente compleja la labor de distinguir qué cosa puede ser legítimamente considerada como material científico, y cuánto hay que atribuir a la posición fantasmática del autor, el cual necesariamente debe apelar a su imaginación (y por ende a lo tocante a su goce) para recrear todos los dramáticos escenarios que nos acechan. Más dudosas aún son las consecuencias éticas que se desprenden, como es el caso de que al considerar que la prevención de los riesgos existenciales es un bien común, sería legítimo que un Estado o conjunto de Estados vulnerase la soberanía de otro del que se sospechase podría desarrollar proyectos que involucrasen una catástrofe para la humanidad. Un argumento que fue empleado para la invasión de Irak, se sigue empleando actualmente para combatir el desarrollo nuclear de Irán, y seguirá utilizándose en la medida en que la legitimidad de una acción «preventiva» presupone la existencia de naciones cuya relación «natural» con el bien se considera un axioma. En otros momentos, resulta incluso chocante el contraste entre la especulación imaginativa sobre los peligros de los que Bostron nos advierte (y cuya potencialidad sin duda tampoco podemos negar a la ligera) y las medidas para paliarlos, como podría ser la creación de organismos internacionales encargados de velar por el cumplimiento de normas y regulaciones respecto del desarrollo tecnológico. Recomendaciones que suenan ridículas, teniendo en cuenta los éxitos que esa clase de organismos han tenido en el cumplimiento de su misión, como si de verdad creyésemos que «el bien común» de la humanidad puede prevalecer por encima de los intereses nacionales, locales o el de las minorías dominantes que ejercen el poder real. En otros momentos el artículo cobra aún mayor densidad, por cuanto no sabemos si la especulación supone por parte del autor una convicción sobre la verosimilitud de los desarrollos técnicos o se trata de una pura especulación sin que ello implique un pronunciamiento acerca de su realidad fáctica. Es el caso del peligro de «ser reemplazados por una carga trascendente»[37]. Una «carga» se refiere en este caso al traspaso de una mente desde su soporte cerebral humano a un ordenador que reproduce los procesos informáticos que tenían lugar en la red neurológica originaria. Una vez que contásemos con una mente «cargada» en un ordenador, no sería difícil aumentar sus capacidades y su inteligencia, al punto de provocar un salto cualitativo que dejase atrás cualquier nivel humano. Una súper inteligencia semejante podría acaparar un inmenso poder y el mundo poshumano se convertiría en la realización de un proyecto al servicio de las preferencias de un determinado grupo de inteligencias computarizadas. Aunque la historia de los descubrimientos aconseja prudencia a la hora de aseverar qué es o no posible en materia tecnológica, lo cierto es que defensores y detractores de la IA coinciden en el mismo punto de visión ciega: una concepción profundamente engañosa de lo que denominan «ser humano». Como señalamos más arriba, una de las falacias actuales de las neurociencias es la de asimilar la «mente» a los procesos algorítmicos de un ordenador. Una de las más peligrosas desviaciones ideológicas de los avances en materia de IA es el abuso de metáforas antropomórficas, que tienden a «humanizar» los sistemas informáticos,

---

[37]. BOSTRON, N. *op. cit.* p. 12.

a la vez que de ese modo deshumanizan a los sujetos. Para que la IA no nos arrastre a un panorama inquietante y a daños irreversibles, es menester —aunque no suficiente— el debate crítico sobre el lenguaje empleado para difundir sus objetivos y sus logros. Promover la idea delirante de las máquinas sustituyendo a los hombres en el gobierno de las cosas, de los seres humanos cautivos del saber absoluto de los algoritmos, es un mensaje no solo irresponsable sino hasta cierto punto canallesco.

El 22 de junio de 1955, Jacques Lacan pronunció una conferencia titulada «Psicoanálisis y cibernética, o la naturaleza del lenguaje»[38]. Se trataba de articular, en una época donde la informática se hallaba aún en sus inicios, la posible relación entre las ciencias y el psicoanálisis, apoyándose en la concepción sobre el lenguaje que el psicoanálisis extrae de su experiencia. Si algo aproxima el psicoanálisis a la cibernética es un modo de apresar el concepto del lenguaje a partir de una combinatoria de significantes. Dice Lacan:

> Sabemos bien que esta máquina no piensa. Somos nosotros quienes la hemos hecho, y ella piensa lo que se le dijo que pensara. Pero si bien la máquina no piensa, está claro que nosotros mismos tampoco pensamos en el momento en que hacemos una operación. Seguimos exactamente los mismos mecanismos que la máquina. Aquí lo importante es percatarse de que la cadena de combinaciones posibles del encuentro puede ser estudiada como tal, como un orden que subsiste en su rigor, independientemente de toda subjetividad.

---

38. LACAN, J.: *El Seminario de Jacques Lacan. Libro 2: El yo en la teoría de Freud y en la técnica psicoanalítica*, Barcelona, Buenos Aires, Paidós, 2008, pp. 435-454.

Aquí, la independencia de toda subjetividad se aproxima a la concepción del inconsciente como un saber sin sujeto. Más adelante añade:

> Para que el lenguaje nazca es preciso que se introduzcan pobres cositas tales como la ortografía, la sintaxis. Pero todo esto está dado al comienzo, porque estos cuadros son precisamente una sintaxis, y por eso podemos hacerles efectuar operaciones lógicas a las máquinas.
> En otros términos, en esta perspectiva, la sintaxis existe antes que la semántica. La cibernética es una ciencia de la sintaxis, y su función es que nos demos cuenta de que las ciencias exactas no hacen otra cosa que enlazar lo real a una sintaxis.

La importancia dada a la sintaxis, esto es, al juego posicional del significante, es lo que pone al sentido en un plano de subordinación. ¿Cómo alcanzamos el sentido? Puesto que la máquina, según Lacan, enlaza la sintaxis a lo real, mientras que el inconsciente añade algo más: la dimensión del sentido.

> Aquí interviene un hecho inestimable que la cibernética pone en evidencia: hay algo que no se puede eliminar de la función simbólica del discurso humano, el papel que en ella desempeña lo imaginario. Los primeros símbolos, los símbolos naturales, salieron de una cantidad de imágenes prevalentes: la imagen del cuerpo humano, la imagen de unos cuantos objetos evidentes como el sol, la luna, y algunos otros. Esto es lo que confiere su peso, su resorte y su vibración emocional al lenguaje humano.

No será esta la última consideración sobre el lenguaje, pero ya podemos apreciar el esfuerzo por aislar algo que es propio de la relación entre lenguaje e inconsciente. En esta ocasión, se trata de lo imaginario, el registro que conecta el símbolo con el cuerpo. No se trata, entonces, solo del binario ausencia-presencia, cero-uno. Es preciso recordar que tenemos un cuerpo. «¿En qué consiste el azar del inconsciente, que el hombre tiene en cierto modo detrás de sí?» El azar del inconsciente (y el hecho de tenerlo detrás alude sin duda al lugar del psicoanalista) consiste en el hecho de que la palabra que habrá de ser dicha no puede predecirse, pero una vez pronunciada se demuestra que no podía ser otra. Eso es, en suma, aquello en lo que consiste el inconsciente.

> En el juego del azar va a probar sin duda su suerte, pero también leerá en él su destino. Advierte que allí se revela algo que le es propio, más aún, diría, cuando no tiene a nadie enfrente.

No tiene a nadie enfrente, porque lo tiene detrás.
Pero si esa palabra posee un sentido que le es propio, y por ende intransferible, es porque está anudada al cuerpo. El cuerpo es la sustancia gozante que separa el inconsciente de la cibernética, y que por ahora sigue haciendo objeción a toda conjetura sobre volcado de datos en súper ordenadores. No solo se trata de lo que el ser hablante dice, sino de un hecho primario: no hay dicho que pueda decirse por fuera de su relación con el goce del cuerpo.

Capítulo V

No hay algoritmos sin metáforas

Resulta interesante notar que —mucho más que en el terreno de la ciencia— los discursos sobre la tecnología son capaces de generar un sinnúmero de metáforas delirantes. Dichas metáforas han fomentado la creación de formaciones identitarias, «comunidades de goce» que hacen de la fetichización de la tecnología el basamento de una prédica mística. El éxito social, mediático y económico de compañías como Apple o Facebook no obedecen solo a su indiscutible capacidad tecnológica y financiera. Ninguna de ellas podría haber alcanzado cotas semejantes si no estuviesen sostenidas por un discurso que las convierte en movimientos religiosos. Creer que su triunfo se debe simplemente a una cínica operación de *marketing*, significa ignorar por completo los resortes de la subjetividad. Steve Job, Tim Cook, Mark Zuckerberg, entre otros, son portavoces de un mensaje mesiánico en el que creen con la absoluta convicción de quienes se sienten convocados a llevar a cabo una misión en el mundo[39]. Esto puede explicarse, en parte, debido a que las tecnologías alcanzan ámbitos mucho más extendidos de la vida humana (y más próximos a las identificaciones imaginarias) que aquellos de los que se ocupa la ciencia. Los descubrimientos científicos, con independencia de su indiscutible importancia, no logran una trascendencia pública tan impactante como las nuevas tecnologías. La ciencia es un territorio más restringido, con protocolos rigurosos y métodos que exigen innumerables puestas a prueba, mientras que las tecnologías, por su carácter más empírico y su capacidad para convertirse en una fuente exponencial de rendimiento económico, tienen una repercusión pública infinitamente mayor. Pero es probable que a ello contribuya también el hecho de que los movimientos que idolatran «la tecnología» (que como hemos visto es en verdad una mistificación) surgen en la estela de la descomposición y desvanecimiento de las categorías narrativas tradicionales. Así, el transhumanismo y sus inverosímiles variedades y corrientes[40], tiene como principio común la idea de un *advenimiento* tecnológico que habrá de alumbrar una nueva era en la que seremos liberados de las restricciones y debilidades de la condición humana. Al respecto, es particularmente importante la convicción de Peter Sloterdijk[41], quien, a la vista del fracaso del humanismo ilustrado en su concepción del hombre, propone el empleo de la biotecnología

---

39. Al respecto, véase *Chaos Monkeys: Obscene Fortune and Random Failure in Silicon Valley*, de Antonio García Martínez (Harper Collins, 2017), en especial el capítulo «Cartago delenda est».

40. El número y la composición de todos estos movimientos es increíblemente vasto. Véase, a modo de síntesis, el ensayo de Gabriela Chavarría Alfaro en https://bit.ly/36wFnTK

41. SLOTERDIJK, P.: *Normas para el parque humano*, Prólogo y traducción del alemán, Teresa Rocha Barco (1 ed. en español, 2000), 5ta edición, España, Siruela, 2008.

moderna con el propósito de mejorar las condiciones morales de los seres humanos. Es sorprendente que alguien como Sloterdijk apoye la idea de que intervenir tecnológicamente en el *upgrade* de la humanidad podría permitir la conquista de aquellos ideales civilizatorios que fueron prometidos por la razón ilustrada y cuyo incumplimiento ha quedado plenamente demostrado. *Posgenerismo, inmortalismo, tecnogaianismo, extropianismo*, son algunas de las variaciones que, ante el profundo desamparo existencial posmoderno, abogan por fórmulas que emplean las tecnologías y sus metáforas para promover una creencia en la posibilidad de que la relación sexual logre por fin escribirse[42]. El nuevo paradigma tecnocapitalista ha reforzado de manera inédita la confianza y el utopismo de la inscripción de la relación sexual. El ejemplo más perfecto, en ese sentido, es la convicción delirante del *posgenerismo*, que aboga por la erradicación del género y por la reproducción mediante métodos artificiales. ¿Qué mejor manera de hacer existir «la relación sexual» que promover su absoluta eliminación?[43]

---

42. La tesis de la «no-relación sexual» formulada por Lacan se refiere a imposibilidad de que en el inconsciente pueda representarse la unión complementaria de un sexo y otro, de tal modo que cada sujeto deberá encontrar el modo singular para arreglarse con esa falta.

43. Entre los síntomas surgidos a partir de la declinación del Nombre del Padre, cabe mencionar la pérdida de toda orientación en las funciones paternas. Ante la falta de referentes que muchos padres actuales experimentan, surgen numerosos emprendimientos pedagógicos con el propósito de que recuperen la facultad de ejercer su papel. El delirio puede llegar al extremo de la crianza de niños "gender neuter", una muestra de hasta qué punto ciertas interpretaciones del feminismo pueden promover la psicosis infantil al proclamar la eliminación del binario sexual. La coartada de que el infante tome a su cargo la decisión de elegir su sexo es una manifestación de la forclusión del significante amo. Como Lacan lo demostró en sus observaciones sobre la psicosis, la creencia delirante en la libertad es un signo característico -y a menudo velado- del discurso psicótico. Véase. https://bit.ly/2C9sNf1

Vale la pena citar aquí la brillante observación de Dale Carrico:

> La tecnología no es intrínsecamente emancipatoria —no es intrínsecamente nada—. Las técnicas y los artefactos se convierten en emancipatorios solo cuando son adoptados por gente que se organiza para asegurar resultados emancipatorios. Las mismas técnicas de reasignación de género que le otorgan poderes a una persona transexual informada y que ha consentido, pueden servir para coaccionar a un niño intersexual de forma catastrófica[44].

A ello cabe añadir que los resultados emancipatorios son difíciles de asegurar, y la historia de los experimentos libertarios arroja con desagradable frecuencia un saldo bastante diferente al de los principios que los pusieron en marcha. El error de Sloterdijk, como el de otros pensadores, consiste en creer que el fracaso de los ideales ilustrados puede resolverse mediante «parches» que resuelvan los «fallos» de la condición del ser hablante. Utilizando los recursos de la nanotecnología y la manipulación genética, un cerebro mejor conectado podría erradicar las tendencias tanáticas, la agresividad, y todas aquellas conductas que nos alejan del bien.

Los transhumanistas, en sus distintas versiones, rechazan la idea napoleónica de que la anatomía sea nuestro destino. No podemos negarles la razón en este punto, por cuanto el significante nos distingue del ciego proceso aleatorio de evolución y adaptación que rige para el mundo viviente en general. Pero la polémica se abre ante la perspectiva de que debamos o no comprometernos moral y físicamente a liberarnos

---

44. CARRICO, D.: "'Post-Gender' or Gender Poets?" accesible en: https://bit.ly/2PHOn26

de las constricciones de nuestra naturaleza biológica. Francis Fukuyama lo expresa con auténtica sencillez:

> Aunque los rápidos avances en biotecnología a menudo nos incomodan vagamente, la amenaza intelectual o moral que representan no siempre es fácil de identificar. La raza humana, después de todo, es una auténtica calamidad, con nuestras persistentes enfermedades, limitaciones físicas y corta vida. Añadámosle los celos, la violencia, las constantes angustias y el proyecto transhumanista empezará a parecernos razonable. Si fuese tecnológicamente posible, ¿por qué no querríamos trascender nuestra especie actual? Lo aparentemente razonable del proyecto, en especial si consideramos pequeños incrementos, es parte del peligro. No es probable que la sociedad sucumba súbitamente al encantamiento de la visión del mundo transhumanista. Pero es muy probable que mordisqueemos las tentadoras ofrendas de la biotecnología sin darnos cuenta de que conllevan un horrendo costo moral[45].

Porque la falacia del transhumanismo —y los distintos profetas del ascenso al paraíso tecnológico— consiste en afirmar (algunos desde la buena fe y otros desde el cinismo más desvergonzado) que el salto superador llegará para todos, como si alguna vez en el discurrir de la historia los cambios no hayan arrojado en cada momento formas nuevas de segregación.

Si comenzamos a transformarnos a nosotros mismos en algo superior —prosigue Fukuyama—[46], ¿qué derechos habrán de reclamar estas criaturas

---
45. FUKUYAMA, F.: "Tranhumanism", *Foreing Policy*, 23/10/2009, https://bit.ly/34wVE9p
46. *Ibíd.*

mejoradas, y qué derechos poseerán comparados con los de aquellos que se queden rezagados?

Las posibles respuestas a esta pregunta no pueden menos que ser inquietantes y, al mismo tiempo, tenemos la impresión de que el dilema ético no solo no se resuelve sino que aumenta a medida que nos internamos en el problema. Porque si negásemos la importancia de lograr técnicas de manipulación genética con las que combatir enfermedades que desgracian la vida de miles de personas, es indudable que caeríamos en un delirio semejante al de los Testigos de Jehová.

Pero si la genética hace posible la creación de vida, también será empleada para la destrucción en masa. No tardaremos en comprobar su uso en los genocidios y las limpiezas étnicas, que ya no requerirán de métodos sangrientos. Los científicos honestos son totalmente conscientes de los enormes e incontrolables riesgos que existen hacia una pendiente eugenésica. El aumento del conocimiento humano no solo no se acompaña de una mejora en las cualidades éticas de la civilización, sino que más bien las proporciones se invierten. De allí que la confianza utópica en el progreso no sea una posición ingenua, sino por el contrario una manifestación del cinismo ilustrado.

Capítulo VI
¡A la conquista de la eternidad!

Tras la Segunda Guerra Mundial y la derrota de Alemania, la genética atravesó una etapa de silencio debido al desprestigio causado por los experimentos de los médicos del régimen hitleriano. En los últimos años la genética va retornando, poco a poco, supuestamente desembarazada de la espantosa fama que los alemanes le dieron. No obstante, el *furor sanandis* de algunos genetistas, así como el entusiasmo delirante de las compañías, los inversores y muchos científicos que propagan de manera irresponsable las ventajas de la manipulación genética, pueden conducir a nuevas aberraciones disfrazadas de mejoras de la especie humana, semejantes a las que fueron llevadas a cabo por los delirios nazis y comunistas. Como lo hace notar John Gray[47], Trotsky estaba convencido de que la historia es un proceso en el que la humanidad conquista un control de sí misma y del mundo, y que la ciencia puede corregir los fallos de la naturaleza humana.

---

47. GRAY, J.: *Black mass: Apocalyptic Religion and the Death of Utopia, op. cit.*, versión Kindle, 2008, posición 727.

La visón de Trotsky según la cual la ciencia se emplea para perfeccionar la humanidad expresa una fantasía moderna recurrente. La creencia de que la ciencia puede liberar a la humanidad de sus limitaciones naturales, incluso tal vez volverla inmortal, prospera hoy en día en cultos tales como la criogénesis, el transhumanismo y el extropianismo, que reconocen su deuda con la Ilustración.

Menos conocidas que las monstruosidades de los médicos alemanes en el siglo pasado, algunas ideas de Stalin no se quedan demasiado atrás. Es el ejemplo de los experimentos que le encargó a Ilya Ivanov[48], con el fin de crear un nuevo ser humano invencible. Para ello, Ivanov inseminó a mujeres soviéticas con esperma de chimpancé, aunque los intentos fracasaron. Dicho sea de paso, Ivan Pavlov (el antecesor de la psicología supuestamente «científica» conocida como *conductismo*) enalteció la grandeza intelectual de Ilya Ivanov en un obituario[49]. Con independencia de los intereses militares subyacentes a la creación de un «súper Golem», el sueño de trascender los límites biológicos del organismo humano es inmemorial y se alimenta de los recursos narrativos propios de cada etapa de la historia: religiosos, mágicos, ideológicos, artísticos, técnicos y un largo etcétera. Lejos de disminuir conforme al presunto ascenso de la humanidad hacia la madurez racional, el discurso tecnomesiánico moderno gana cada vez más adeptos, ahora que las ceremonias colectivas pueden llevarse a cabo incluso de manera virtual. No es sorprendente, dado que el consentimiento y la entrega de los sujetos a los discursos que reniegan de la castración han sido siempre bienvenidos. La relación traumática del ser

---

48. Véase: https://bit.ly/36uCpio
49. GRAY, J.: *Black mass: Apocalyptic Religion and the Death of Utopia*, op. cit.

hablante con la experiencia del cuerpo, fragmentado en el plano de la imagen y agujereado por la acción del significante, predisponen a una avidez mística por los fantasmas de superación. La vivencia insoportable de la castración (la de aceptar que somos finitos y limitados en lo que respecta al goce que podemos alcanzar) contribuye a fidelizar cualquier proyecto que augure un horizonte de totalidad. De la cirugía estética a la promesa de una procreación «a la carta» puede trazarse un arco que persigue un propósito claro y que dispone de una clientela cautiva: el sujeto y sus vicisitudes con la castración. Profeta del extropianismo, Max More lo afirma de manera rotunda:

> No aceptamos las aspectos indeseables de la condición humana. Desafiamos las limitaciones naturales y tradicionales que pesan sobre nuestras posibilidades. Abogamos por el uso de la ciencia y la tecnología para erradicar las restricciones de la duración de la vida, de la inteligencia, de la vitalidad personal, y de la libertad. Reconocemos lo absurdo que supone aceptar mansamente los límites «naturales» de la duración de nuestra vida. Esperamos que la vida avance más allá de los confines de la Tierra —la cuna de la inteligencia humana y transhumana— y llegue a habitar el Cosmos[50].

No es difícil reconocer en estas afirmaciones el eco de la discordancia entre la vivencia traumática del cuerpo fragmentado y el júbilo ante la imagen anticipatoria del «yo» (que Lacan analizara con detalle en su teoría sobre el estadío del espejo). Las promesas anunciadas por Ray Kurzweil[51] sobre las maravillas

---
50. MORE, M.: *The expropian principles*, accesible en: https://bit.ly/34qcRRN
51. KURZWEIL, R.: *Human body version 2.0*, accesible en https://bit.ly/2NCBbcd

proteicas que caben esperar para nuestro cuerpo humano no se han cumplido hasta la fecha, aunque, por supuesto, no podemos descartar que sucedan más adelante. Su lectura es altamente recomendable, puesto que el trasfondo de su concepción del cuerpo *cyborg* es llevar el corte que la pulsión introduce en la función orgánica a su radicalidad más real. Es sin duda a partir de ese corte que el lenguaje inflige al ente biológico, que un inventor puede perseguir un objetivo a todas luces delirante, incluso aunque su realización técnica no sea en modo alguno inconcebible:

> Consideremos, sin embargo, una reingeniería más fundamental del proceso digestivo para desconectar los aspectos sensuales del comer respecto de su propósito biológico originario: proveer nutrientes al flujo sanguíneo que son enviados así a los trillones de células[52].

Más adelante añade[53]:

> Una posibilidad sería que todo el alimento que ingerimos pase por el tracto digestivo que ahora estaría desconectado de cualquier absorción posible en el flujo sanguíneo. Esto supondría una carga para las funciones del colon y el intestino, de tal modo que un sistema más refinado habrá de proveerse para la función de eliminación. Podremos conseguirlo utilizando nanobots de eliminación que actúen como minúsculas compactadoras de basura. Mientras los nanobots nutricios se abren paso en nuestro cuerpo, los natobots de eliminación harán el camino inverso. Periódicamente reemplazaremos

---

52. *Ibíd.*
53. *Ibíd.*

la protección nutricia por una nueva. *Se podría argumentar que obtenemos alguna clase de placer en la función eliminatoria, pero sospecho que la mayoría de la gente estaría contenta de poder prescindir de ello*[54].

Nos acercamos aquí a un punto verdaderamente crucial. En la actualidad, los distintos avances tecnológicos han producido profundos cambios en los comportamientos y los hábitos de vida. Han dado lugar al surgimiento de síntomas en apariencia nuevos, como por ejemplo las adicciones a los dispositivos, las plataformas de comunicación virtual o las aplicaciones de contactos. Pero en el fondo, la dependencia «tóxica» a los teléfonos móviles o los videojuegos no ha hecho más que poner en evidencia que, por una parte, el ser hablante siempre complementa su falta en ser mediante la relación a un objeto que intenta suplir la inexistencia de la relación sexual y, por otra, que dicho objeto puede adoptar distintos «avatares» (para emplear un término *ad hoc*) según las circunstancias singulares y las modalidades de la época. La evolución histórica parece mostrar, en todo caso, la tendencia a la satisfacción autoerótica. Sin embargo, el proyecto anunciado por Roy Kurzweil apunta a algo diferente aunque de momento no pueda ser demostrado. Ya no se trata de añadir a lo real un objeto nuevo alrededor del cual la pulsión traza el recorrido de su circuito y lo incorpora al campo del goce. Estamos, por el contrario, ante la perspectiva de que una serie de transformaciones en la biología del cuerpo humano pueda por primera vez modificar una zona erógena y la pulsión asociada.

No podemos extraer más conclusiones de algo que por ahora es más una petición de principio que una

---

54. Las cursivas son del autor.

realidad probada. Ya hemos observado esa «voluntad performativa» que impregna con demasiada frecuencia el optimismo transhumanista: la confusión entre el deseo y el acto. Pero aún así, tampoco podemos descartar que lo anunciado pueda alguna vez llegar a realizarse. Sería imprudente por nuestra parte juzgar como imposibles o descabellados proyectos de este tipo[55]. A lo largo de la historia no faltan ejemplos de ideas que en su momento sufrieron el desdén o la incredulidad por parte de los contemporáneos, pero que acabaron siendo totalmente legítimas, factibles y que cambiaron el curso de los acontecimientos. Los principios teóricos del psicoanálisis, así como la praxis que le concierne, fueron establecidos sobre la base de un ser hablante cuya estructura ha sido en esencia la misma durante miles de años. Si dicha estructura puede llegar a alterarse por medio de una manipulación de lo real que produzca cambios cualitativos en la condición humana, es algo sobre lo que aún no estamos en condiciones de concluir nada.

---

55. Si este panorama milenarista es el corolario de la declinación del Nombre del Padre, no deja de resultar interesante que uno de los proyectos más importantes que se ha propuesto el ingeniero Ray Kurzweil sea el de resucitar a su padre, muerto hace casi cincuenta años. No se trata en este caso de una resurrección física, sino a través de un avatar digital alimentado con todos los datos que Kurzweil ha reunido sobre el padre. Según el inventor, el resultado podría ser incluso «más real que el padre que fue». Sobre la idea de un Father 2.0, véase https://bit.ly/2pEsWEF

Capítulo VII

El *i-Patient*

> Who wants to live forever,
> Who wants to live forever,
> Forever is our today,
> Who waits forever anyway?[56]
>
> Brian May (Queen)

Un brindis por la inmortalidad

Año 2004. Peter Thiel, fundador de PayPal, acaba de vender su compañía a eBay, multiplicando así su ya considerable fortuna. Tiene entonces 31 años y recibe en su casa a un grupo de invitados que cenan y conversan. Entre ellos, Larry Page (cofundador de Google), Cynthia Kenyon (bióloga molecular que atrajo la atención de la comunidad científica al duplicar la vida de un gusano manipulando uno solo de sus genes) y Audrey de Grey (médico inglés, especialista en biogerontología que trabaja en *senescencia negligible*

---

56. Quién quiere vivir para siempre, / Quién quiere vivir para siempre, / Por siempre es nuestro hoy, / ¿Quién espera para siempre de todos modos?

ingenierizada, un método de reparación de tejidos del cuerpo humano capaz de lograr una vida indefinida). El debate gira en torno a la inmortalidad. Algunos se muestran un tanto escépticos; otros, por el contrario, están convencidos de que solo es un problema técnico. ¿Que sería más conveniente: congelar los cadáveres o volcar la memoria de un ser humano en supercomputadoras para reintroducirla luego en un nuevo cuerpo?

Estas son algunas de las preguntas que animan la mesa. Al menos existe un consenso: desde el punto de vista del desarrollo tecnológico actual, conquistar los 150 años de vida es una expectativa más que «razonable». El anfitrión Peter Thiel es uno de los más convencidos y su generosa chequera no cesa de alimentar los fondos de investigación de Kenyon y de Grey a fin de que aceleren al máximo su trabajo. Su lema es el optimismo, una virtud que considera indispensable para formatear el futuro. No es el único. Pertenece al grupo de súper millonarios jóvenes, empresarios que han creado Google, eBay, Napster, Netscape, Facebook, y que ahora han decidido emplear una parte sustancial de sus fortunas personales en una nueva revolución: perfeccionar tecnológicamente el cuerpo humano, la máquina más asombrosa de la creación. Thiel se expresa con toda claridad, y como además posee una sólida formación filosófica, lo que dice tiene algo de sentido: la evolución de la especie humana no pertenece exclusivamente a la naturaleza. El hombre se caracteriza por su capacidad para trascenderla y, por lo tanto, su cuerpo no solo forma parte del reino animal, sino que se ha elevado hacia una dimensión que lo convierte en otra cosa. De allí que considere legítimo no admitir la regla máxima que gobierna todo lo viviente: la finitud. Afirma en serio que la muerte es «el gran enemigo de la humanidad»[57].

Los nuevos dioses

No por casualidad el escritor Mike Wilson ha titulado su biografía sobre Larry Ellison (fundador de Oracle y la tercera fortuna del mundo según Forbes) *What's the difference between God and Larry Ellison* [Cuál es la diferencia entre Dios y Larry Ellison][58]. El chiste ya es conocido entre los empresarios de Silicon Valley: Dios no se cree Larry Ellison. En cambio Larry, aunque no lo diga con todas las letras, está convencido de serlo. Su vocación demiúrgica se pone de manifiesto en todas sus entrevistas, puesto que no cesa de afirmar que la muerte no posee ningún sentido para él. Según sus propias palabras, «la muerte me pone furioso. Y la muerte prematura aún más»[59].

Muchos investigadores, filósofos de la ciencia y especialistas en bioética no se muestran tan entusiastas ante la perspectiva de una prolongación exagerada o indefinida de la vida humana. Advierten sobre la sobreexplotación de los recursos naturales, el incremento de los problemas sociales, la repercusión en la economía, y —sin duda— la posibilidad de que la brecha social ya existente cobre dimensiones apocalípticas.

En el año 1895, el escritor británico H. Wells publicó su célebre novela *La máquina del tiempo*[60], basada en la corriente filosófica del *eternalismo*. Aunque muchos

---

57. EUNJUNG CHA, A.: "Peter Thiel's quest to find the key to eternal life", *The Washington Post*, 03/04/2015, https://wapo.st/34xppaa

58. WILSON, M.: *What's the difference between God and Larry Ellison*, Nueva York, Harper Business, 2003.

59. *Ibíd.*, p. 324.

60. WELLS, H.: *La máquina del tiempo*, Barcelona, Austral, 2019.

creyeron que se trataba del género de ciencia ficción, Wells expuso en esta obra una tremenda y profética visión del capitalismo. El protagonista se desplaza al futuro, en el que encuentra dos razas claramente diferenciadas, dos evoluciones degeneradas de los humanos: los *eloi*, seres inmortales que viven en la superficie, despreocupados de toda necesidad, y los *morlocks*, que habitan bajo tierra, mueren, y representan la clase trabajadora que mantiene a los que viven en el mundo de la luz. Gracias a su inmortalidad, los *eloi* han perdido incluso sus propiedades sexuales, al punto de que carecen de sexo. Leído desde la perspectiva actual, la fantasía de Wells es verdaderamente escalofriante, incluso más que las predicciones de Orwell y Huxley. En el capítulo XIII, Wells expone con finos y dramáticos argumentos cómo el capitalismo salvaje desemboca en un futuro paradójico donde la inmortalidad física equivale a la extinción del deseo, condenando a los idílicos *eloi* a una existencia rayana en la idiocia.

¿Qué subyace a este delirio actual de inmortalidad que no carece ni de recursos técnicos ni de ingentes cantidades de dinero para materializarse? Hay (como es el caso de Laurie Zoloth, experta en bioética de la Universidad de Northwestern) quien se interroga sobre el deseo que anima a estos multimillonarios diseñadores del futuro, empeñados en una cruzada filantrópica que se supone destinada al bien de la humanidad. ¿Hasta qué punto ese deseo no esconde una voluntad oscura que, procurando retar a la muerte, es en el fondo un demonio aún más letal? El debate es complejo, pero Zoloth es muy aguda al afirmar que

[...] es apasionante y maravilloso formar parte de una

especie que tiene grandes sueños. Pero también quiero formar parte de una especie que se ocupa de los pobres y de los moribundos, y me preocupa que nuestra atención se centre en un mundo futuro rutilante hecho de fantasía y no en el mundo real en el que vivimos[61].

Haz el bien, pero no dejes de mirar a quién

Aunque la filantropía es una práctica muy extendida en el mundo anglosajón como método para compensar la escasa inversión social del Estado, aliviar la conciencia y —por supuesto— la carga fiscal, Freud supo diseccionar la agresividad inconsciente que con frecuencia se esconde tras la buena intención de hacer el bien. Pero incluso más allá de ello, resulta significativo contrastar la posición subjetiva de otro gran súper millonario, Bill Gates, quien ha puesto un gigantesco empeño económico y moral en el desarrollo de los países más pobres, apuntando al extremo contrario de la vida: los recién nacidos. Tanto él como su esposa Melinda han dejado claro la obscenidad que supone invertir miles de millones de dólares en el diseño de un mundo futuro de élites potencialmente inmortales mientras en el planeta actual la malaria y la tuberculosis diezman poblaciones enteras.

¿Cuál es el fondo de esta declaración de guerra contra el envejecimiento y la muerte a golpe de talonario? ¿Se trata de una mera cuestión de mercado? El tema es mucho más complejo, y sin duda más apasionante: es el combate entre dos paradigmas, dos modos de concebir la ciencia, dos modos de aproximarse a la fantasía humana que desde el inicio de los tiempos se ha rebelado contra la muerte y ha buscado toda clase de estrategias para exorcizar su poder soberano.

---

61. EUNJUNG CHA, A.: "'Tech titans' latest project: Defy death", *The Washington Post*, 04/04/2015, https://wapo.st/2qo4xU0

Dios no se ha mostrado suficientemente generoso a la hora de aliviar la caducidad de la vida y, por su parte, los médicos se convierten en rehenes de la industria farmacéutica y la bioingeniería. Para colmo les han surgido nuevos e inesperados contrincantes que tienen a su favor no solo un presupuesto mayor del que posee cualquier Estado, sino que están animados por una convicción delirante imposible de fracturar: los chicos de Silicon Valley, decididos a darle la vuelta al método científico clásico por considerarlo anacrónico e inadmisiblemente lento. En su lugar, apuestan por reunir los miles de millones de datos que los usuarios de internet dejan diariamente en sus búsquedas, en el uso de sus redes sociales, en sus movimientos físicos y geográficos registrados por los nuevos dispositivos (iWatch y tantos otros) para correlacionarlos entre sí. La hipótesis se basa en la acumulación de incalculables masas de datos con el fin de trazar patrones de conductas y vincularlos al surgimiento de trastornos, enfermedades y conductas de riesgo. Una vez más, la conducta resulta ser la unidad de medida, conforme al esquema cognitivo-conductual que se asume como la psicología «científica», incluso aunque aumente el número de científicos que comienzan a cuestionar su verdadera utilidad y muchos especialistas en filosofía y ética se pregunten si dicha psicología no será una forma disfrazada de ideología destinada a la fabricación homologada de humanos «inteligentes». Una de las mayores falacias de la posmodernidad tecnológica consiste en la promoción de lo «personalizado», de la aplicación, programa, mapa, diseño o servicio supuestamente «pensado» para la singularidad de cada usuario, cuando en verdad dicha «personalización» se concibe a partir de un estándar universal que establece mediante algoritmos la diferencia entre lo sano y lo enfermo.

Los genes, unidos, jamás serán vencidos

No es necesario ahondar demasiado para descubrir algunos elementos no tan «desinteresados» en el trasfondo de esta nueva maratón de la longevidad. Muchos de los empresarios de Silicon Valley padecen alguna clase de trastorno o enfermedad y engordan los bolsillos de brillantes investigadores de Harvard, MIT y otros grandes centros a fin de que apresuren sus experimentos. Sergey Brin, cofundador junto con Larry Page de Google, posee una anomalía genética que lo vuelve más propenso al Parkinson, pero no le ha temblado nada al firmar un cheque de 150 millones de dólares para ganarle la carrera a la posible enfermedad. Que el síntoma puede además contribuir al lazo social lo demuestra muy bien su esposa Anne Wojcicki, quien ha fundado su propia compañía 23andMe[62]. Una simple muestra de saliva en un bastoncillo enviado por correo y el usuario (por solo 99 dólares) obtiene de vuelta la información genética que le permite conocer datos de sus ancestros y la propensión a ciertas enfermedades. Así de sencillo. Por supuesto, el truco consiste en que la información que se recibe corresponde a un ser humano único, irrepetible: usted. Si existe un gigantesco e indiscutible éxito lucrativo del capitalismo, sin duda hay que reconocerlo en la genial mercadotecnia de uno de los resortes más poderosos del ser humano: su paradójico deseo de ser único y a la vez normal, es decir, igual que todos los demás. Wojcicki es elocuente:

---

62. Véase: https://bit.ly/33fApZb

A nadie le importa si uno dice que hay un gen suelto por ahí. Pero cuando puedes reunir a una comunidad de personas que son conscientes de su estatus, entonces súbitamente comienzas a comprometerte[63].

El psicoanálisis estudia con particular interés el gregarismo contemporáneo que se teje alrededor de un núcleo sintomático. El síntoma puede convertirse en un modo de combatir la creciente soledad existencial de una época en la que, curiosamente, estamos sometidos a la comunicación digital perpetua. Sufrir alucinaciones auditivas suele ser un tormento espantoso, pero formar parte de la comunidad de «escuchadores de voces», que reúne a millones de personas en foros internacionales donde discuten y hablan de sus experiencias alucinatorias es, por el contrario, una experiencia que alivia y consuela[64]. Estas nuevas «comunidades sintomáticas», a las que se añaden ahora los grupos genéticos, anticipan formas de religiosidad y espiritualidad que suplen los modelos tradicionales en desuso. ¿Por qué limitarse a formar lazos basados en identidades sexuales, si las alteraciones genéticas ofrecen miles de oportunidades de fundar colectivos amalgamados por los caprichos de una mutación en el ADN?

Las nuevas guerras médicas...

Susan Jacoby, una de las mentes filosóficas más brillantes de los Estados Unidos, ha escrito un libro contundente y extraordinariamente documentado sobre el delirio de la eterna juventud: *Never say die*

---
63. EUNJUNG CHA, A.: "'Tech titans' latest project: Defy death", *op. cit.*
64. Véase: http://www.hearing-voices.org/

[Nunca digas morir]. «Aceptar que la inteligencia y sus invenciones jamás ganarán la batalla al amo supremo, la muerte, es la auténtica afirmación de lo que significa ser humano», escribe en su libro[65]. Barbara Ehrenreich añade:

> Susan Jacoby, enemiga jurada de la irracionalidad en todas sus formas, tiene muy malas noticias: todos vamos a morir, pero primero nos haremos viejos. No *más viejos*, sino realmente viejos. Ella agujerea la promesa de que llegaremos a «curar» el envejecimiento. Las buenas noticias son que si logramos despertar de nuestros delirios, conseguiremos envejecer con dignidad[66].

Pero esta postura ética ante la muerte[67] —lo que el psicoanálisis estudia bajo el concepto de castración, como límite que señala la frontera donde lo imposible se vuelve condición necesaria para la supervivencia del deseo de vivir—, choca contra la sinrazón de otros que no solo se valen de su solidez económica sino del inmenso poder mediático del que disponen a discreción. Es el caso de Vinod Khosla, uno de los grandes multimillonarios de Silicon Valley, fundador de Sun Microsystems. En una conferencia dictada en la Cumbre de Innovación para la Salud que tuvo lugar en agosto de 2012 en la ciudad de San Francisco[68], calificó la medicina actual como una suerte de brujería atascada en la tradición. Los médicos, según Khosla, no se diferencian mucho de

---

65. JACOBY, S.: *Never say die*, Penguin Books, 2012, p. 32.
66. Véase: https://bit.ly/34MvIGY
67. Recomiendo al respecto los magníficos libros de Irizar Lazpiur, Lierni: *Banalizaciones contemporáneas* (Bilbao, Ediciones Beta III Milenio, 2018) y *El cuerpo, extraño* (Bilbao, Ediciones Beta III Milenio, 2016)
68. Véase: https://bit.ly/2NdaSdN

los practicantes de *vudú*, y augura que el 80% de estos profesionales serán reemplazados por máquinas que harán el trabajo mucho mejor. Esta declaración de guerra contra el colectivo médico fue inmediatamente rebatida como «repugnante» y vista como una clara señal de que algunos ingenieros están empeñados en arrebatarle el cuerpo humano a la medicina. Para Khosla, los médicos son un estorbo en el cuidado de la salud, la cual debería basarse fundamentalmente en la recopilación de datos y no en el tratamiento de las enfermedades. Está convencido de que

> [...] ofrecer a los consumidores más oportunidades, acceso y posibilidades de elección de la información sobre sí mismos y sus cuerpos les dará el poder para hacer lo más conveniente.

Lo más alarmante del delirio de Vinod Khosla es su alcance premonitorio: de manera progresiva la medicina es secuestrada y desmantelada por una élite dominante de ingenieros y supertécnicos, quienes a su vez se arrogan el poder de desafiar al discurso científico, haciendo realidad la visión que Heidegger alumbró en sus conferencias sobre la técnica.

No solo de escáneres viven los pacientes

Abraham Verghese, especialista americano en medicina general, escribió un conmovedor testimonio que es al mismo tiempo una seria advertencia sobre la extinción progresiva de la sabiduría médica. En una clara sintonía con lo que Jacques Lacan desarrolló en su conferencia de 1966 «Psicoanálisis y Medicina»[69], Verghese denuncia el peligro que

---

69. LACAN, J.: «Psicoanálisis y medicina» (1966), accesible en: https://bit.ly/2NfX0j2

supone estudiar los escáneres en vez de al paciente[70]. «El lugar donde se produce el diálogo entre doctores y personal de enfermería es el ordenador». Para este médico, la pérdida de las habilidades propias de los practicantes, el desuso de su capacidad para escuchar al enfermo antes de hacerlo desaparecer bajo una montaña de protocolos y pruebas técnicas, es uno de los errores más graves que conducen a la mala praxis médica y a la perversión definitiva de un saber que, desarraigado de la tradición, corre el riesgo de caer en la degradación de la terapéutica. Examinar el cuerpo, palparlo con las propias manos, sigue siendo un ritual que Verghese considera necesario preservar por su inmenso valor simbólico. Su experiencia le ha demostrado que lo simbólico tiene su eficacia, tanto como la información que puede brindar la tecnología, cuyas ventajas no desconoce en absoluto, pero que no bastan para sostener una praxis médica en la que no solo es el organismo lo que está en juego, sino el sujeto, es decir, la relación de un ser que habla con un cuerpo al que no solo lo atormentan los virus y las anomalías genéticas, sino también el inconsciente.

> He descubierto que los pacientes de casi todas las culturas tienen grandes expectativas en el ritual de la exploración cuando son vistos por un médico (...) Los rituales suponen franquear un umbral, y eso es decisivo para cimentar la relación médico-paciente, un modo de decir «Estaré junto a usted a lo largo de esta enfermedad. En la duras y en las maduras». Es decisivo que los médicos no olviden jamás la importancia de este ritual[71].

---

70. VERGHESE, A.: "Treat the Patient, Not the CT Scan", *The New York Times*, 26/02/2011, https://nyti.ms/34oiaB4

71. VERGHESE, A.: "Treat the Patient, Not the CT Scan", *op. cit.*

La nueva locura de la acumulación hiperbólica de datos, convertida en el credo contemporáneo de algunas sectas de Silicon Valley y sus billonarios profetas, es la prueba fehaciente de que la separación entre ciencia y técnica avanza hacia un horizonte irreconciliable. Si la imposibilidad era el principio rector del discurso científico, para la técnica nada es imposible, y por ello es el instrumento más apropiado para la realización material y espiritual del capitalismo. La verdadera ciencia es lenta en su progreso y su avance. Los súper técnicos, en cambio, tienen mucha prisa por alcanzar sus objetivos. Para ellos, no solo la muerte es un obstáculo en su carrera. También lo es el tiempo. Tal vez sean el anticipo de una nueva configuración de la subjetividad: el hombre sin inconsciente, el hombre al que nada divide, el hombre convertido en centro de sí mismo. El hombre definitivamente curado del síntoma de ser humano.

Capítulo VIII
No te olvides: vas a morir

Dicen sobre los romanos —siempre sabios— que cuando el emperador desfilaba victorioso tras una importante batalla o conquista, llevaba detrás a un esclavo encargado de recordarle que era mortal. En términos freudianos clásicos, el esclavo oficiaba de principio de realidad, a fin de que el César no se enredase demasiado en las trampas del principio del placer. Tertuliano, en su *Apologético*[72], cuenta esta costumbre con alguna variación. No se trataba de un esclavo, sino de un ministro, quien literalmente le susurraba al oído: «Mira detrás de ti: acuérdate de que eres un hombre». Las dos versiones de lo que se conoce como *memento mori* son igualmente atractivas. Incluso el César, en toda su grandeza, podía ser sorprendido por la espalda. Lo supo Cayo Julio, al que ningún dios logró evitarle la puñalada certera de Bruto. Ser un hombre, para los romanos, era eso: algo a lo que la muerte reduce a su esencia universal. Por lo visto, ya en aquellos tiempos (incluso muchos siglos

---

72. TERTULIANO.: *El apologético*, Madrid, Editorial Ciudad Nueva, 1997.

antes) se sabía que algunos hombres tienen cierta inclinación a la megalomanía (a menudo acompañada del sentimiento de impunidad), lo que en el fondo viene a ser una variante de la inflación yoica. Nada muy diferente a lo que sucede en nuestra época, solo que ahora los megalómanos no tienen el refinamiento de los de antaño y ha desaparecido el «recordador» de la muerte, oficio poco simpático según el canon sentimental moderno, al que la muerte le resulta una broma de mal gusto, propia de perdedores, pobres y pesimistas. Morirse ha pasado de moda, y si todavía no hay más remedio que aceptar ese trance tan poco *fashion*, lo mejor es hacerlo de manera discreta. Ya no es preciso recurrir al esclavo o al ministro romano. Ahora tenemos *WeCroak*, una flamante aplicación que cinco veces al día, en momentos impredecibles, programados mediante una secuencia temporal azarosa, nos envía el siguiente mensaje: «No lo olvides: vas a morir»[73]. Como lo informa la propia página web de la compañía, «el mensaje, como la muerte, puede llegar en cualquier momento». Al mismo tiempo, el usuario recibe cada tanto una frase o verso alusivo, como por ejemplo este, que pertenece al poeta zen Gary Snyder: «La otra cara de lo sagrado es la visión de tus seres queridos en el inframundo, pudriéndose entre los gusanos»[74]. Ante la creciente alarma que algunos expertos han disparado acerca de la alienación digital, Silicon Valley ha recogido el guante y conforme a su filosofía «A cada problema tecnológico, una solución tecnológica», ya existen más de mil aplicaciones que prometen ayuda para desconectarnos de los móviles, tabletas y ordenadores. Versiones tecnológicas de la

---

73. Véase: https://www.wecroak.com/
74. Citado por BOSKER, B. en: "The App That Reminds You You're Going to Die", *The Atlantic*, January/February, 2018, https://bit.ly/2oKzIbr

vanitas, entre las más utilizadas se destaca *Calm*[75], (con quince millones de descargas), especializada en ofrecernos meditación guiada y música relajante. Michael Acton Smith, su fundador, asegura que «podemos ser los amos de este poderoso dispositivo [el móvil] en lugar de sus esclavos». Su rival *Headspace*[76], (dieciocho millones de descargas), provee sesiones de meditación guiadas por un exmonje budista (quien seguramente encontró el verdadero camino que lo llevó de su oriente natal al cielo de San Francisco). Vale la pena echar un vistazo a su página web, porque no falta el consabido apoyo de la sagrada ciencia. *Headspace* asegura que todos sus ejercicios de *mindfullness* están respaldados por «estudios científicos demostrados», según los cuales hasta podemos beneficiarnos con la prevención del cáncer.

Resulta divertido ver cómo Occidente busca una vez más en su mítico Oriente vías para curarse de la alienación a los mandatos superyoicos del discurso en el que se asienta. Se extiende el sentimiento de que el repudio de la castración debe hallar alguna clase de regulación, porque la pendiente de Thánatos se hace notar en todos los frentes y se traduce en una variedad sintomática inédita. De allí que, al slogan convertido en un significante amo mil veces vulgarizado «Presume de...(llénense los puntos suspensivos con cualquier cosa)», se lo intente contrapesar con la humildad que le suponemos al Lejano Oriente: lentitud, despojamiento, vacío, serenidad, conciencia de la finitud, reconciliación con la muerte, etc. Lógicamente (tampoco es cuestión de que nos arruinemos), todo ello bien empaquetado en la lógica del consumo. «Te ayudamos a bajar el ritmo, a encontrar la felicidad

---

75. Véase: https://www.calm.com/
76. Véase: https://www.headspace.com/headspace-meditation-app

en los pequeños detalles. Nos apasiona convertir las rutinas de cada día en rituales llenos de significado», nos dice Raymond Cloosterman, fundador y CEO de RITUALS..., una compañía internacional de productos que se ofrecen como «regalos para el cuerpo»[77]. A título de ejemplo tenemos la línea de aceites, cremas y otras pócimas denominada «Abre tu corazón. Descubre el Ritual of Anahata».

> Darte a ti mismo el amor que te mereces (no hay porqué descuidar por encima de todo a nuestro yo) y compartirlo con los demás (apelación a la empatía) es el verdadero sentido de las vacaciones navideñas. Anahata es el chakra del corazón, y el lugar en el que reside el amor: cuando su puerta se abre te alimenta a ti y a los que te rodean con amor incondicional.

El capitalismo sentimental nos abre sus puertas. No creamos que todo se reduce al oro envilecido, a la promesa insensata de goce supuesto en el objeto, ni al esfuerzo despiadado que dedicamos a la autogestión de nuestras vidas. ¡Dejémosle paso al amor! ¿Quién dijo que el paradigma reinante lo desconoce? A la vista de que el catolicismo no pasa por su mejor momento (pese a la astuta elección de un moderno papa argentino), los amos del mundo *tech* (pleonasmo: con los amos del mundo se sobreentiende) acuden a ese infinito santuario de sentido que los anglosajones descubrieron hace siglos en India, China y Japón. «Cuando te das cuenta de que no te falta nada, el mundo entero es tuyo», escribió Lao Tzu. Asombroso, teniendo en cuenta que en su época aún no se había inventado el *iPhone*.

---

[77]. Véase: Revista *Elle*, n° 375, edición española, diciembre 2017.

Como lo subraya Bianca Bosker,

> Estas aplicaciones son supuestamente un antídoto contra *Facebook, Snapchat, Instagram,* la clase de redes digitales que, según el instructor de meditación que me ofrece *Calm*, están creando una epidemia de sobrecarga. La ironía es que estas aplicaciones, aunque prometan ayudarnos a desengancharnos de nuestros dispositivos, también contienen incentivos para mantenernos conectados, y emplean muchas de las mismas técnicas que utilizan todos los Facebooks del mundo[78].

En su despedida del año 2017[79], Farhad Manjoo, destacado columnista del *New York Times* en temas de tecnología, no manifestó precisamente un gran optimismo en sus augurios para el nuevo año que comenzaba. Consideró que las modernas tecnologías han promovido narrativas completamente desamarradas de las leyes científicas, comerciales y políticas. Vale la pena citar una parte de su excelente artículo:

> Tan solo hace unos pocos años existía el sentimiento naciente de que la tecnología nos aportaría una visión sobre lo que nos aguarda a la vuelta de la esquina. Gracias a inmensos flujos de información —sensores y vigilancia por doquier y capacidad informática para dotarlos de sentido— parecía que entrábamos en un mundo del tipo *Minority Report,* en el que una buena parte del futuro podría pronosticarse con nuestros números. *Google* podía predecir las tendencias de la gripe, los obsesos en estadísticas de elecciones podían predecir los resultados políticos,

---

78. BOSKER, B.: "The App That Reminds You You're Going to Die", *op. cit.*
79. MANJOO, F.: "Expect 2018 to Be More Sane? Sorry, It's Not Going to Happen", *The New York Times*, 01/03/2018, https://nyti.ms/33mjpRq

y los algoritmos policiales predictivos nos echarían una mano con el crimen. Pero lo que ha sucedido es completamente diferente. En lugar de revelarnos un orden y una previsibilidad invisibles en el mundo, la tecnología ha liberado una catarata de fuerzas que ha convertido el mundo en algo mucho más volátil, y de este modo el futuro se ha transformado en algo más peligroso y más propenso a resultados inesperados»[80].

Si los *trolls* han servido para inundar los medios de *fake news*, cabe esperar que con los métodos de IA y realidad aumentada puedan crearse filmaciones falsas en las que intervengan personajes reales, augura Amy Webb, directora del Future Today Institute, una compañía que asesora a las grandes corporaciones sobre los escenarios futuros[81]. Esto nos interroga sobre el real que el psicoanálisis concibe como su piedra angular: el real del síntoma. ¿Acaso podremos seguir confiándonos a él, cuando incluso el síntoma pueda ser simulado?[82] La línea divisoria entre el mundo real y virtual se desdibuja a una velocidad tal que jamás habríamos imaginado.

Está aún por definirse qué es lo que habrá de reinventar cada uno como punto de capitón o anclaje en la deriva del discurso.

---

80. MANJOO, F.: "Expect 2018 to Be More Sane? Sorry, It's Not Going to Happen", *The New York Times*, 01/03/2018, https://nyti.ms/2C83PNf

81. Véase: https://futuretodayinstitute.com

82. Poco después de la declaración de Amy Webb, se desató el escándalo del falso vídeo de la senadora Nancy Pelosi. Véase: RINI, R.: "Deepfakes Are Coming. We Can No Longer Believe What We See", *The New York Times*, 10/06/2019, https://nyti.ms/2NeTXr5

Capítulo IX

Tecnologías, alienación y función de desconocimiento

Existen suficientes evidencias de que las tecnologías, sus métodos, y fundamentalmente los discursos que las acompañan, tienen un profundo impacto en el plano del fantasma inconsciente. El fantasma es, ante todo, una construcción del sujeto. Cuando en su carta a Fliess conocida como «Manuscrito M»[83], Freud afirma que el fantasma está hecho a partir de «cosas vistas y oídas, pero solo más tarde comprendidas», da a entender que el sujeto «fabrica» la fórmula de su posición inconsciente a partir de fragmentos de lo real y lo hace de un modo activo, es decir, obra como intérprete retroactivo del encuentro con aquello de lo real que va a marcar su vida.

El culturalismo de Karen Horney, o en la actualidad los discursos sobre la influencia del patriarcado en la construcción de las identidades, poco tienen que ver con la lógica del *parlêtre* tal como Lacan la ha establecido siguiendo las líneas de fuerza de la obra

---

83. FREUD, S.: *Los orígenes del psicoanálisis*, Madrid, Alianza, 2007, p. 204.

freudiana. Pero sí es indudable que, en determinadas circunstancias, el discurso del Otro puede muy bien contribuir a *reforzar* lo que podríamos llamar «las necesidades fantasmáticas», es decir, la tendencia del sujeto a «reencontrar» en la realidad aquellos signos que confirman el argumento de su propio fantasma. Es lo que actualmente ocupa un lugar central en el debate sobre los peligros de la tecnología de la comunicación: la posibilidad de que las plataformas puedan ser utilizadas para diseminar noticias falsas, distorsionar la percepción que los sujetos tienen acerca de los hechos y por lo tanto influir en sus convicciones políticas.

En síntesis, la pregunta puede plantearse en estos términos: ¿puede Facebook y sus empresas subcontratadas (caso Cambridge Analytica)[84] manipular la voluntad de los ciudadanos en el ejercicio de sus derechos y deberes? Es perfectamente sabido que las masas son fácilmente influenciables desde los tiempos inmemoriales. La propaganda, empleada con fines religiosos, políticos, militares y comerciales, no tuvo que esperar a la era de internet para convertirse en un instrumento de poder. Pero es indiscutible que el alcance mediático de la web tiene una multiplicación exponencial, sumado al hecho de que cualquiera puede convertirse en editor y emisario de cualquier clase de contenido. El escándalo de Cambridge Analytica salió a la luz por las declaraciones de uno de sus empleados, el programador Christopher Wylie, quien comentó:

---

84. El 17 de marzo de 2018, varios periódicos denunciaron que la empresa Cambridge Analytica, especializada en minería de datos y contratada por *Facebook* para realizar una encuesta, había utilizado los datos de cincuenta millones de cuentas de usuarios de FB para generar una campaña de información falsa que produjese un efecto en las elecciones norteamericanas.

Explotamos Facebook para acceder a millones de perfiles de usuarios. Construimos modelos para explotar lo que sabíamos de ellos y *apuntar a sus demonios internos*[85]. Esa era la base sobre la cual la compañía se fundó[86].

La expresión «demonios internos» da en el blanco de la cuestión. Los demonios no fueron creados por la tecnología. Esta puede despertarlos, reforzarlos, multiplicarlos, expandirlos, explotarlos y proyectarlos en narrativas capaces de generar fenómenos de identificación colectiva. Pero los demonios estaban ya allí. No existe una determinación causal externa que convierta a alguien en proclive a la solidaridad o a la segregación, a la confianza o a la paranoia. El fantasma es una creación del sujeto, una cosmovisión personal (al estilo de la «religión privada» de la que habla Freud a propósito de la neurosis obsesiva) hecha conforme a una modalidad inconsciente de goce y con la cual interpreta el mundo y su lugar en él. La tecnología no puede «insertar» eso desde fuera, como si se tratase de un implante. Tal vez sea posible dentro de algunos años, pero por ahora tal cosa no existe. La tecnología de la comunicación se diferencia de los clásicos métodos de evangelización, adoctrinamiento, manipulación de las conciencias y creación de adeptos a una determinada causa o fin, en el hecho de que su capacidad de alcance es prácticamente infinita, difícil de controlar y con el añadido de que puede ser puesta en marcha mediante técnicas de automatización que aseguran una reproducción viral de mensajes y noticias. El adjetivo mismo «viral», es

---

85. Las cursivas son del autor.

86. CASERES, D.: «El mayor escándalo de Facebook hasta la fecha: «roban»información de 50 millones de sus usuarios», *Softonic*, 20/03/2018, https://bit.ly/2NhRn3U

sumamente elocuente[87]. La magnitud de «carga viral» de un contenido se mide, por una parte, en función del número de personas que lo reciben y lo visualizan, pero también por los efectos que ese contenido produce en el modo de percibir la estructura ficcional de la realidad y eventualmente por la monetización que puede generar. Pero conviene insistir en que las redes sociales solo pueden «fabricar» la realidad cuando consiguen alcanzar esos «demonios internos» de los que hablaba el exempleado de Cambridge Analytica, es decir, cuando el mensaje logra entrar en resonancia con el fantasma inconsciente y la dinámica de goce que especifica a un ser hablante. No olvidemos que, a pesar de su carácter singular, esa dinámica puede perfectamente ingresar en una narrativa colectiva y convertirse en la palanca fundamental para la creación de sentimientos de identidad y pertenencia tribal.

El impresionante aprovechamiento de los mecanismos identificatorios que las redes sociales pueden llevar a cabo, así como el empleo de las denominadas *fake news* (que como señalamos en el capítulo anterior incluyen ahora la sofisticada posibilidad de realizar incluso vídeos falsos de una increíble verosimilitud), se apoya en uno de los procesos psíquicos más complejos: el fenómeno de la creencia. En 1956, los sociólogos americanos Leon Festinger, Henry W. Riecken y Stanley Schachter publicaron un apasionante estudio titulado *When prophecy fails* [Cuando la profecía

---

87. Cuando viajó a los Estados Unidos, Freud se refirió al psicoanálisis como «una peste» que muy pronto habría de contagiar el espíritu americano. Hizo gala de su habitual sentido del humor mordaz, pero en ese caso se equivocó. El espíritu americano terminó por contagiar allí al psicoanálisis y no al revés. El psicoanálisis encabezado por Kris, Hartman y Lowenstein sufrió una alteración en su «genética» y quedó transformado en una psicología del yo, de la cual partieron diversas ramas entre las que actualmente tenemos el coaching y el mindfulness.

falla][88], en el que volcaron la observación directa de un extraordinario fenómeno de creencia colectiva. Corría el año 1943 cuando la señora Marian Keech (residente en Lake City) experimentó unas extrañas sensaciones en el brazo y comenzó a escribir de manera automática el anuncio (proveniente de seres extraterrestres) de que la Tierra sería destruida. A partir de ese momento, pudo generarse un movimiento integrado por un gran número de seguidores que no solo se mostraron convencidos de las declaraciones de la señora Keech, sino que no se dieron por vencidos cuando la fecha de la profecía llegó sin que nada sucediese. En lugar de que el incumplimiento de la profecía disolviese la fe de esos creyentes, paradójicamente contribuyó a reforzarla aún más.

> El creyente individual —escriben los autores— debe tener un soporte social. Es improbable que un creyente aislado pueda tolerar la desconformidad de la predicción. Pero si es miembro de un grupo de personas que se apoyan mutuamente, podemos esperar que la creencia se mantenga y que los creyentes intenten hacer proselitismo o que traten de convencer a los no miembros de que la creencia es correcta[89].

Las redes y plataformas sociales proporcionan un espacio multiplicador del apoyo social al que los autores hacen referencia. Con mucho atino, señalan que estaríamos completamente equivocados si considerásemos que quienes comparten esta clase de creencias son sujetos clínicamente locos. En la época en que ese libro fue publicado, el volumen de la

---

88. *Cf.* FESTINGER, L., RIECKEN, H. W. y SCHACHTER, S.: *When the prophecy fails*, Pinter & Martin Limited versión Kindle, 2008.

89. FESTINGER, L., RIECKEN, H. W.y SCHACHTER, S.: *When the prophecy fails, op. cit.,* p. 33.

literatura fantástica sobre extraterrestres y amenazas milenarias era descomunal en los Estados Unidos, así como el número de seguidores. Internet se ha convertido en una lanzadera que arroja al espacio globalizado incontables contenidos que pueden ser instrumentados con fines políticos, económicos e ideológicos. Puede resultar extraño que durante la campaña presidencial que condujo a Trump al poder, cientos de miles de personas hayan creído que Hillary Clinton dirigía redes de pornografía infantil y realizaba rituales satánicos. Pero sin embargo esa «información» logró el objetivo de interferir en el proceso electoral. Aunque su incidencia en el resultado haya sido mínima, lo que importa destacar es el hecho de que el fenómeno de las *fake news* no es nuevo en absoluto[90]. Los protocolos de los sabios de Zion, un libelo fraguado en 1902 por la policía zarista para culpar a los judíos de los problemas que atravesaba el régimen, fue abundantemente distribuido en 1917 para responsabilizarlos de los desastres de la revolución comunista. Un célebre ejemplo de *fake news* entre tantos otros, que podemos encontrar desde el origen de los tiempos, y que no ha perdido su vigor entre quienes están dispuestos a seguir creyendo en él pese a cualquier evidencia que lo desmienta.

Se apoya en el hecho de que la verdad tiene estructura de ficción y que debido a ello no existe ninguna verdad que no sea mentirosa por definición. Las redes sociales y la tecnología de los *bots* se valen de esta característica de la verdad, así como del carácter fantasmático de la realidad, para distintos fines. No «moldean» el cerebro humano, como pretenden los apóstoles de las neurociencias, sino que apuntan al

---

90. El psicoanálisis ha estudiado con gran profundidad el fenómeno de la adherencia de los sujetos a creencias en las que el goce funciona como pegamento de fijación.

corazón de esos «demonios internos» que habitan en cada uno de nosotros.

Los problemas éticos surgidos a partir de los desarrollos tecnológicos son innumerables. Desde los usos militares y políticos de la nanotecnología con fines genéticos, hasta la omnivigilancia y rastreo de la intimidad de las personas. Un ejemplo escalofriante es el trabajo de investigación realizado con el propósito de descubrir la identidad del célebre artista callejero que ha decidido permanecer anónimo[91]. Conocido como *el caso Banksy*, el estudio empleó una serie de datos, como los patrones espaciales utilizados por el artista en la ciudad de Londres y de Bristol, y los correlacionaron con los de un individuo al que el periódico *Daily Mail* había identificado como el posible Banksy. Los datos sobre esta persona que figuraban en el censo oficial fueron analizados, así como los datos de empadronamiento de sus distintos domicilios, los colegios a los que presuntamente había asistido y los lugares donde jugaba al fútbol. Los investigadores afirmaron que esta clase de tratamiento de datos podía ser de suma utilidad para la rápida identificación de terroristas y se justificaron al asegurar que se habían limitado a manejar datos que eran de dominio público, no privados. Pero si bien esa aseveración es cierta, lo que se elude es el hecho de que aunque los datos en sí mismos y por separado no vulneran la intimidad de una persona, sí lo hace su tratamiento combinatorio. Las investigaciones realizadas sobre seres humanos a partir de los *Big Data* todavía no han sido debidamente reguladas. Al menos en los Estados Unidos, las reglamentaciones sobre los

---

91. *Cf.* HAUGE, M. V., STEVENSON, M. D., ROSSMO, D. K. *et al.* (2016), "Tagging Bansky. Using geographic profiling to investigate a modern art mystery", *Journal of Spatial Science* 61(6): pp. 185-190.

estudios que se llevan a cabo sobre individuos y grupos humanos abarcan fundamentalmente el campo de la investigación biológica y médica, es decir, aquel en el que existe una intervención directa sobre los sujetos, que puede implicar su integridad física. Pero cuando se trata de los datos digitales, la legislación es todavía muy indefinida. La relación entre los procesadores de datos y las personas es distante y anónima. Se realiza sin que el objeto de estudio tenga conocimiento de que sus datos estén siendo analizados, con el argumento de que al ser de dominio público no requieren consentimiento alguno. Existe un grave vacío legal y ético en la definición de «sujeto humano» en el terreno de los *Big Data*, y por lo tanto en lo que se refiere a los derechos y protecciones debidas a dicho sujeto[92]. Los investigadores tienen la posibilidad cada vez mayor de obtener datos sin interactuar con los sujetos, y resulta preocupante que sondeos tan poderosos en la vida de las personas queden al margen de una regulación legal y ética, por considerar que basta con mantener un cuidado sobre el modo y el tipo de datos que se procesan, pero desentendiéndose del uso que se dé a los resultados de su manipulación. Esta clase de «desconexión» entre las acciones llevadas a cabo mediante el uso de programas informáticos y las posibles consecuencias sobre los «propietarios» de los datos, es uno de los mecanismos de la tecnología del cual el capitalismo global en su conjunto hace un uso perverso conocido como *modularidad*, es decir, la compartimentación de los datos y de los responsables de su tratamiento en la fabricación, distribución y venta de los productos y mercancías a nivel mundial.

---

92. HAUGE, M. V., STEVENSON, M. D., ROSSMO, D. K. *et al.*, *op. cit.*

Los sistemas modulares manejan la complejidad mediante el *black-boxing* de la información; esto es, separan códigos o información en unidades discretas. Un programador solo necesita disponer de la información sobre del módulo con el que está trabajando, porque manejar la complejidad de todo el sistema sería exigirle demasiado a un solo individuo[93].

La modularidad es una característica esencial del capitalismo actual.

La información sobre la procedencia, las condiciones laborales y el impacto ambiental es difícil de manejar cuando el objetivo del sistema es simplemente procurar y reunir mercancías rápidamente[94].

Mucho más que una característica, la modularidad es una condición indispensable para el funcionamiento del mercado.

Este peculiar estado de saber y a la vez no-saber, no es la elección explícita de una compañía individual, sino de un sistema que ha surgido para acomodar la variedad de mercancías que solicitamos y la velocidad con la que las queremos. Está inmerso en el software, así como en los barcos de contenedores que son el emblema más visible de la globalización[95].

Saber y al mismo tiempo no-saber es consustancial a la estrategia de dominio y alienación que hace posible el funcionamiento del mercado global y

---

93. POSNER, M.: "See no evil", *LOGIC*, nº 5, 01/04/2018, https://bit.ly/2JNdOMb
94. *Ibíd.*
95. *Ibíd.*

que reproduce el mismo mecanismo de repudio descrito por Freud a propósito del fetichismo[96]. La modularidad es al mismo tiempo un procedimiento que impide al consumidor tener un acceso al conocimiento del proceso de mercantilización. La tan cacareada «sociedad de la transparencia» es una falacia que oculta las prácticas más aberrantes en materia de producción, extracción de los recursos, consecuencias medioambientales y condiciones laborales. Presionadas por la opinión pública, las grandes compañías como Apple envían de vez en cuando supervisores a las cadenas de producción de sus productos en Asia, con el fin de lavar su imagen[97]. Pero la realidad es que los resultados de estas preocupaciones humanitarias no distan mucho de los que lograron los inspectores de la Cruz Roja invitados por Hitler a comprobar con sus propios ojos las «maravillas» de algunos campos de concentración, convertidos para la visita en hoteles con encanto… El no querer saber es un recurso muy socorrido para manejar situaciones donde hay numerosos intereses comprometidos, especialmente el de los accionistas.

La modularidad es mucho más que una técnica de «optimización» en la gestión informática y el tratamiento de datos para el manejo de los gigantescos procesos de fabricación, comercialización y venta de mercancías. Constituye uno de los principios ocultos más importantes de la nueva filosofía del mercado, embarcada en el proyecto universal de un mundo de consumidores sostenido por un sistema de producción altamente sofisticado, operado por una mano de obra en condiciones de semiesclavitud, que para colmo

---

96. FREUD, S.: «Sobre el fetichismo» (1927), *Obras Completas*, vol. III, Madrid, Biblioteca Nueva, 1972.

97. MERCHANT, B.: "Life and death in Apple's forbidden city", *The Guardian*, 18/06/2017. https://bit.ly/2WIxm9F

no tardarán en verse arrojados al vaciadero de los desechos humanos cuando sean definitivamente sustituidos por la automatización de las tareas que aún siguen realizando.

Capítulo X
Cuerpos sin almas

Salnikov era un apasionado de la medicina, pero de la medicina en marcha, la medicina del porvenir. Fue en verdad un precursor. Osado hasta la temeridad, con su racionalismo científico precedía a todos los colegas por los caminos, con frecuencia peligrosos, de la medicina de vanguardia. Esa misma audacia le granjeaba una clientela fascinada. Amplias amputaciones, ablaciones de órganos, injertos, no retrocedía ante nada.

Van der Meersh, *Cuerpos y almas*

Tal fue la magnitud de su anticipación al futuro de la ciencia, que Julien Offray de La Mettrie (Saint Malo, 1709 – Berlín, 1751) no solo fue perseguido por su obra, sino que cayó en el olvido hasta que Marx y Engels rescataron su nombre como predecesor del más legítimo materialismo.

Médico y antifilósofo, La Mettrie puede muy bien ser considerado unos de los más brillantes materialistas cuyas ideas constituyeron la base de la biología moderna. Aunque no dejó de honrar la inteligencia de Descartes por su concepción del cuerpo como una maquinaria perfecta, La Mettrie dio un paso más al cuestionar el célebre dualismo de la *res pensante* y la *res extensa*. En su obra *El hombre máquina* (publicada en 1748 en Leyden, donde hubo de refugiarse por su indisimulado ateísmo)[98], exalta con absoluta y probada certeza la idea de que el cuerpo humano (como el de cualquier otro organismo vivo) es una máquina de extraordinaria complejidad, en cuya comprensión solo la observación y la experiencia pueden guiarnos. La Mettrie desprecia toda consideración filosófica acerca del ser humano, por hallarla basada en abstracciones que prescinden del conocimiento empírico de la naturaleza. Solo el médico ateo, despojado de la metafísica y el historicismo, es capaz de adentrarse con rigor en los mecanismos de esa fabulosa maquinaria. Cualquier consideración política, ética o religiosa resulta un obstáculo oscurantista que pervierte la razón y la guía del conocimiento.

El dualismo cartesiano se le antoja a La Mettrie una concesión al espíritu religioso. Para él solo existe una materia, y si acaso cabe figurarse una entidad concebida como alma o pensamiento, ella no es sino un principio motor que no difiere del cuerpo mismo. Si el organismo es un conjunto articulado de resortes que se comunican entre sí, el alma no es otra cosa que el principio del movimiento, una parte material sensible del cerebro. Dicha parte es a su vez el resorte principal de toda la máquina, y ejerce una influencia determinante en su estructura y funcionamiento. La Mettrie no solo rebaja a un segundo plano la dimensión del espíritu humano, lo que en nuestros términos actuales podríamos definir como el campo

---

98. *Cf.* De La METTRIE OFFRAY, J.: *L'homme machine*, Paris, Editions Gallimard, 1999. Versión en español: *El hombre máquina*, Buenos Aires, EUDEBA, 1961.

psíquico o subjetivo, sino que lo considera afectado por su idea del alma, que interpreta como el principio del movimiento cuya sede se localiza en el cerebro. Consciente de que la máquina no solo piensa sino que también goza, en su obra podemos deleitarnos con magníficas observaciones: «Del alma depende la vergonzosa impotencia o el enfadoso priapismo».

Mientras Descartes afirmaba que el hombre piensa, y que el pensamiento es el asidero de una verdad de la que no puede dudarse, La Mettrie desdeña la noción de sujeto, centrándose en la materia. Según nuestro autor, el pensamiento está en la materia y no en el yo cartesiano, lo cual es su manera de expresar que hay saber en lo real, y que dicho saber solo puede ser descifrado mediante la observación empírica. «El alma es una palabra vana. Solo sirve para nombrar aquella parte que en nosotros piensa».

El empirismo de La Mettrie supera ampliamente al de Locke, por cuando no se sustenta en axioma filosófico alguno sino en la más estricta disposición científica, consistente en la observación de los fenómenos físicos, para lo cual solo el médico está debidamente dotado. «La única filosofía aceptable es la del cuerpo humano», escribe La Mettrie, y defiende sus ideas mediante innumerables ejemplos que según él demuestran la importancia decisiva del higienismo para un correcto funcionamiento del espíritu. Allí donde el cuerpo se altera, la mente acusa recibo.

Si descontamos el lenguaje de su época y un buen número de ejemplos en los que se entremezclan el conocimiento fidedigno de la anatomía junto con algunos puñados de creencias mágicas y cuentos dignos de Plinio el Viejo, la obra de La Mettrie es una asombrosa anticipación a los principios actuales de la neurociencia. Más aún, careciendo incluso de los descubrimientos que la genética traería en el siglo posterior fue capaz de aventurar la idea de que «el poder de la naturaleza resplandece por igual en la producción del más vil insecto y en la del hombre más soberbio», como ha quedado recientemente demostrado con la decodificación del ADN de la mosca de la fruta.

Nadie puede en la actualidad rebatir que el cuerpo es una maquinaria compuesta de innumerables dispositivos, los cuales a su vez están constituidos por elementos microscópicos que se ensamblan como las piezas de un mecanismo de relojería. Que la ciencia moderna haya perfeccionado la comprensión de la materia orgánica y el funcionamiento del cuerpo no le resta el más mínimo mérito al inigualable materialismo de La Mettrie. El tardío impulso que su obra dio a la medicina actual hizo posible el desarrollo técnico que hoy en día permite el trasplante de órganos, el recambio de piezas, y todos los extraordinarios logros de la cirugía. No podemos olvidar que la revolución técnica aplicada al cuerpo solo fue posible gracias al paradigma que erradicó definitivamente la noción de alma del terreno científico. La neurociencia, un saber que proviene asimismo de la visión profética de La Mettrie, junto con las investigaciones en materia de IA y las técnicas de criogénesis, nos informan sobre la posibilidad de que no solo el cuerpo pueda prolongarse, conservarse, almacenarse, desarmarse y volverse a rearmar con nuevos elementos, sino que incluso esa entelequia denominada «mente», concebida como un sistema significante capaz de decodificarse por entero en algoritmos matemáticos y volcarse en un soporte informático, podría «transferirse» a otro cuerpo, incluso a un robot.

Con la debida prudencia que exige el hecho de que

en la historia de la ciencia sobran los ejemplos de escepticismo que con el paso del tiempo demostraron ser meros prejuicios, no afirmaremos ni negaremos tal posibilidad[99]. Dado que Lacan solo apostó por el imposible de una escritura para la relación sexual, sin aventurar ninguna conjetura sobre otros límites del discurso científico-técnico, no habríamos nosotros de atrevernos a refutar las noticias que científicos e ingenieros propagan diariamente. Sin embargo, nos permitiremos adherir a lo que algunos sectores de la comunidad científica internacional advierten sobre la pretendida «Inteligencia Artificial», al reconocer que —con independencia de que el sujeto se conciba como un ente autónomo y consciente, el resultado de una serie de mecanismos cerebrales, o sujetado a eso que denominamos el inconsciente— hay algo en el ser hablante que excede la posibilidad de argumentarse y manipularse en la lógica de los *Big Data*. Sin duda, esa parte de la comunidad científica emplea argumentos distintos a los nuestros, y no entraremos en ellos, sino que nos mantendremos en el campo que nos es específico: el campo del goce. El goce, si bien fue definido por Lacan como causado por el significante (causalidad que impide al psicoanálisis precipitarse en la pendiente de una metafísica renovada), posee a su vez la peculiaridad de que se instala como un excedente que «corrompe» la lógica del orden simbólico y altera su estructura.

---

[99]. No obstante, me permito citar esta observación de Richard Jones, extraída de su libro *Against transhumanism. The delusion of technological transcendence* [Contra el transhumanismo. El delirio de la trascendencia tecnológica] (https://bit.ly/2oKXXGt): «No existe una nítida capa de abstracción digital en un cerebro. ¿Por qué debería haberla a menos que alguien la hubiese diseñado de ese modo? En un cerebro, por ejemplo, lo digital remodela constantemente lo físico. Vemos cambios en la conectividad y en la fuerza sináptica como consecuencia de la información que se procesa, cambios que son la manifestación de cambios físicos sustanciales en el nivel molecular, en las neuronas y en las sinopsis». (Traducción del autor.)

Esa alteración, reconocible en los fenómenos que el psicoanálisis encuadra en el concepto de «repetición», es paradójicamente lo que no admite su reproducción experimental y por ende su tratamiento algorítmico. La IA está basada en algo inobjetable: la capacidad de la que puede dotarse a un sistema informático para que consiga aprender. Con su software *TensonFlow*, la compañía Google mantiene su liderazgo absoluto en este tipo de tecnología.

En un nivel mucho más modesto, el uso de cualquier dispositivo móvil nos demuestra que su sistema operativo «aprende» nuestros hábitos, reconoce nuestras preferencias y nos «ofrece» consejos y sugerencias varias. Aprende cada día algo más de nosotros mismos y estamos muy cercanos a la aparición de una tecnología que superará con creces la velocidad humana para el aprendizaje. Pero sucede que el psicoanálisis experimenta con el goce entendido como la «sustancia» del pensamiento y pone en entredicho la idea de que el sujeto humano «aprende». Es debido a la «imperfección» de la sustancia gozante que incluso la más inteligente de las máquinas no logrará imitar la estupidez del ser hablante, incapaz de aprender nada, dado que la lógica de su vida se rige por la repetición de un mismo error en el que se encuentra atrapado. La confianza en la IA se basa en la creencia de que los seres hablantes somos inteligentes y que dicha inteligencia puede ser imitada y en breve superada por las máquinas. Las máquinas podrán adelantarnos en ese terreno, pero será difícil que puedan con el ser hablante cuando lo que está en juego es la idiotez de la repetición.

No es de extrañar que La Mettrie, en su afán por sostener su teoría acerca del cuerpo como máquina, manifieste su admiración por Jacques de Vaucanson

(Grenoble, 1709 – París, 1782), considerado el padre de la robótica. Debido a la sofisticación mecánica y el realismo de su factura, sus famosos autómatas (entre los que destacó *El flautista*, una figura de tamaño natural que tocaba el tambor y la flauta) superaron de forma rotunda el éxito de las criaturas mecánicas que ya hacían las delicias del público en los salones europeos.

Pero posiblemente su pieza maestra fuese *El Pato con aparato digestivo*, que no solo batía las alas, graznaba y bebía agua, sino que comía y digería grano, hasta concluir con la defecación y la expulsión del producto final. El «naturalismo realista» de sus autómatas alcanzó con *El Pato* su máxima expresión. Aunque tal vez este aspecto de la inigualable capacidad inventiva de Vaucanson le otorgó su celebridad, no deja de ser interesante ponerlo en conexión con otro de sus grandes inventos: el telar completamente automatizado, que le valió el repudio y la hostilidad de los tejedores de seda de Lyon. Apedreado por una turba de artesanos, se vengó de ellos creando un telar que imitaba a la perfección el exquisito diseño de los tejedores, pero que era accionado por el movimiento de un asno. Entre la materia fecal del *Pato*, y el telar automático capaz de sustituir al obrero, Vaucanson representa, con más de dos siglos de anticipación, el estado actual del tardocapitalismo, en el que la técnica, el aparato financiero y el desecho completan su alianza y su circuito definitivos.

Lo que no pudo prever La Mettrie es que la ingeniería acabaría por ganarle la carrera a la medicina. Es así como en la actualidad Silicon Valley se jacta de superar a los más grandes centros de investigación médica y advierte que la medicina no tardará en convertirse en una actividad subordinada a la ingeniería.

Mientras tanto, la realidad se encarga de darle la razón al psicoanálisis, que demostró que el cuerpo no es solo una máquina en el sentido de Descartes y La Mettrie, sino que también puede ser reducido a objeto causa del deseo, degradado a desecho, o convertido en materia de intercambio. El rico no ama al pobre: ama en él, más que a él. Ama en el pobre lo que este tiene para vender, la libra de carne de la que el precariado ha de desprenderse para sobrevivir y satisfacer la monstruosa voracidad del Otro. El proletariado vendía su fuerza de trabajo. Los nuevos pobres venden partes de su cuerpo en los campamentos de refugiados, convertidos en gigantescos supermercados de agalmas. Si la máquina falla, allí un intermediario podrá conseguir la pieza de recambio. El comprador pagará en Finlandia o EE. UU. un promedio de 150 000 dólares por un riñón, de los cuales el vendedor recibirá unos 700, dado que la oferta —¡ay!— últimamente supera con mucho la demanda. A la vista de que resulta imposible erradicarlo, los expertos y las ONG aconsejan la regulación del mercado y tráfico de órganos, con el fin de garantizar un mínimo de seguridad en las intervenciones quirúrgicas y un precio justo. No tardaremos en leer cada día, junto con la cotización del dólar, los índices bursátiles y los precios de las *commodities*, el valor actualizado de un pulmón filipino. Mientras se acelera la fabricación de tejidos en los laboratorios y el espíritu de Mary Shelley reescribe una nueva versión de Frankenstein, los ricos hacen sus encargos en la *deep web*.

Capítulo XI

La Inteligencia Artificial en el campo del goce

Aunque es evidente que la resistencia al avance tecnológico es tan absurda como su idolatría, las preocupaciones en torno al aumento imparable de la automatización no pueden tomarse a la ligera. El informe presentado por el National Science and Technology Council al presidente Obama en octubre de 2016[100], alerta contra los numerosos problemas implicados en el desarrollo de la automatización.

Los análisis del Consejo de asesores económicos de la Casa Blanca sugieren que el efecto negativo de la automatización será muy grande en los trabajos de menor remuneración y que existe un riesgo de que la automatización dirigida por la Inteligencia Artificial aumente la brecha salarial entre los trabajadores menos cualificados y los más

---

100. "Preparing for the future of artificial intelligence", Executive Office of the President. National Science and Technology Council. Cometee on Technology. https://bit.ly/33g9TPn

cualificados, con un incremento potencial de la desigualdad económica[101].

En una clara alusión a las célebres reglas de la robótica establecidas por Isaac Asimov[102], el informe advierte que:

> El uso de la Inteligencia Artificial para controlar equipamiento empleado en el mundo físico supone una preocupación acerca de la seguridad, especialmente en la medida en que los sistemas estén expuestos a la enorme complejidad del entorno humano. Un desafío mayor en la seguridad de la Inteligencia Artificial es construir sistemas que puedan trasladarse del mundo cerrado del laboratorio al mundo abierto exterior, donde pueden suceder cosas impredecibles. Adaptarse a situaciones imprevistas es difícil pero necesario para garantizar la seguridad de la operación[103].

La mayoría de las recomendaciones que los expertos realizan en ese informe ponen de manifiesto que el brillante porvenir que se anuncia tiene como reverso la sospecha de que nada garantiza el debido uso que habrá de hacerse con los adelantos técnicos:

> A medida que la tecnología de IA continúe desarrollándose, los profesionales deben asegurar que los sistemas manejados por la IA sean gobernables; que sean abiertos, transparentes y comprensibles; que puedan funcionar de modo efectivo con las personas

---

101. *Ibíd.*, p. 29.
102. *Cf.* Nota al pie 27 de este libro, p. 54.
103. "Preparing for the future of artificial intelligence", *op. cit.*, p. 2.

y que su operatividad sea compatible con los valores y las aspiraciones humanas[104].

No es necesaria una lectura psicoanalítica para leer entre líneas que los expertos *saben* sobre la enorme probabilidad de que el futuro depare exactamente todo lo contrario: además del robot Da Vinci (la maravillosa obra de ingeniería médica que ha abierto un extenso campo de posibilidades a la cirugía), otros ingenios menos amables y totalmente contrarios a los valores humanos habrán de multiplicarse. Más aún, sorprende que a lo largo de todo el informe se invoque la atención a unos «valores éticos» que en ningún momento son definidos. No obstante, y aunque no se ocultan los eventuales riesgos de una *súper inteligencia artificial* que pudiese llegar a desarrollarse a muy largo plazo, la recomendación del informe es que esas preocupaciones referidas a un futuro lejano no tienen por qué ejercer una influencia en la política actual y a medio plazo en lo que se refiere al desarrollo tecnológico.

> Aunque la prudencia dicte cierta atención a la posibilidad de que algún día pueda existir una súper inteligencia dañina, estas preocupaciones no deberían ser el motor principal de la política pública sobre IA[105].

La recomendación es, pues, que

> [...] el mejor modo de crear la capacidad para afrontar los riesgos especulativos a futuro más lejano es atacar los riesgos menos extremos que

---

104. *Ibíd.*, p. 4.
105. *Ibíd.*, p. 8.

ya pueden apreciarse hoy, tales como los riesgos actuales en materia de seguridad y privacidad, al tiempo que se invierte en la investigación sobre las capacidades a más largo plazo y sobre cómo estos desafíos pueden manejarse[106].

Resulta un tanto inverosímil que un grupo de expertos como los que han elaborado este informe puedan realmente sostener la idea de que las consecuencias indeseadas de la IA puedan ser previstas, de tal modo que se logre anticipadamente corregir el eventual rumbo equivocado. La afirmación es aún más absurda si consideramos que, hoy por hoy, es perfectamente sabido que internet, creada con la expectativa de convertirse en una herramienta al servicio de la libertad, tiene unos «efectos secundarios» indeseables imposibles de controlar, tales como la ciberdelincuencia, el espionaje, el comercio ilegal, y por supuesto la guerra informática. Es indiscutible que la investigación y el desarrollo de una tecnología no deberían encontrar impedimentos por el hecho de que su utilización pudiese derivar en usos indebidos, ya que esta clase de riesgos se han presentado siempre a lo largo de la historia. Casi no existe invención humana alguna que no pueda ser empleada con fines originariamente no deseados. Lo sorprendente es que, a pesar de las evidencias, se pueda seguir confiando en que el progreso de las investigaciones sobre los riesgos y el modo de prevenirlos llevará *necesariamente* a un progreso en el cuidado de los factores éticos. Al mismo tiempo, no deja de resultar interesante que en el terreno de la IA se dibuje el horizonte distópico de una humanidad extinguida por el desarrollo de máquinas cuya

---

106. *Ibíd.* p. 8.

inteligencia podría superar a la de las personas, como si las personas no constituyesen ahora, sin que sea preciso esperar una era futura, un peligro para la propia especie.

¿Por qué deberíamos temer más a las máquinas inteligentes, incluso las «súper inteligentes», que a los sujetos? No ha sido necesario esperar la llegada de la IA para saber que las mayores calamidades provienen de nosotros mismos. Pero tal vez ese temor pueda comprenderse si tenemos en cuenta que la IA se basa en el proyecto demiúrgico de fabricar una máquina que replique al ser humano y que acaso lo supere. De ser así, no es insensato aventurar que máquinas semejantes llegarían a convertirse en en monstruos... No obstante, volveremos a tratar este fantasma

Si bien la comunidad científico-técnica no posee un criterio consensuado sobre cómo definir la IA ni tampoco acuerda del todo en la evaluación de lo que se ha conseguido hasta el presente, al menos reconoce que existe una modalidad *estrecha* de IA, capaz de realizar acciones codificadas (como por ejemplo el reconocimiento y etiquetado automático de imágenes) y una modalidad *general*, que implica la posibilidad de que la máquina aprenda por sí misma a partir de una batería inicial de datos y parámetros, aumentando progresivamente sus «conocimientos». Esto último supone que la máquina ha sido entrenada mediante un modelo inicial para resolver problemas que se le han programado, pero que a partir de ellos será capaz de analizar y responder adecuadamente a situaciones y casos ulteriores a los que nunca antes se ha enfrentado. El *decisionismo* de la máquina no deja nada librado al azar, sino que su respuesta es una acción matemáticamente precisa, aunque pueda resultar equivocada por el exceso de información de la que dispone. La Inteligencia Artificial puede convertirse en Estupidez Artificial cuando el factor *randomness* (aleatoriedad) tiene una incidencia elevada. El *decisionismo* del ser hablante supone *siempre* una opacidad: no puede saber aquello que causa su elección, en tanto ese saber no solo es inconsciente, sino que está comprometido en una dinámica de goce intraducible a la lógica del significante. Si las leyes de la significancia pueden encontrar su réplica en el saber cibernético, si incluso la máquina puede llegar a reproducir y reconocer el lenguaje humano, el goce introduce en cambio una diferencia insalvable: es la forma de estupidez específicamente propia del ser hablante, que comanda la compulsión a la repetición y bloquea el aprendizaje.

Por otra parte, para el ser hablante la lengua también es en definitiva un dispositivo —«artificial»—. No hay nada «natural» en la relación entre el sujeto y la lengua, pero la correlación entre código, mensaje y sentido, que aproxima la máquina a un ente pensante, queda transfigurada por la experiencia singular que imponen las condiciones de goce, ausentes en los sistemas computarizados.

La *boutade* de Lacan que enfureció a Noam Chomsky durante un encuentro que ambos tuvieron en EE. UU. en 1965 («Ustedes piensan con el cerebro, yo en cambio pienso con los pies», le dijo Lacan), pudo haberle sonado como un disparate al famoso lingüista norteamericano, pero no lo es en absoluto.

En efecto, el ser hablante habla con su cuerpo, porque el saber del inconsciente, el «eso piensa», puede estar localizado en cualquier parte. La histérica piensa, por ejemplo, con su vaginismo, el anoréxico con su imagen, el psicótico con su alucinación, el obsesivo con su fantasma hipocondríaco, el psicosomático con el colon que pierde el control y se irrita. Más aún, el sujeto no solo no piensa sin su goce, sino que no se limita a hablar con la boca: también es capaz de hacerlo con sus otros orificios. Creer que el lenguaje humano está «cableado» en el cerebro implica un absoluto desconocimiento del modo en que el significante ha entrado en la realidad humana, o mejor dicho, cómo la ha constituido. La «Estupidez Artificial»[107], es, en definitiva, la negación del acontecimiento imprevisto, el encuentro con un real que desacomoda el orden simbólico, la experiencia inevitable con la que todo ser hablante tropieza en tanto su capacidad de subjetivación está limitada por los márgenes mismos del discurso y de los significantes amo que lo dominan.

Pero la estupidez artificial tiene alcances mucho más preocupantes que la creencia ingenua de los seres humanos en su absoluta omnipotencia. En la actualidad, las decisiones que se dejan en manos de los dispositivos computarizados no prescinden por completo de la intervención del hombre. Es difícil predecir cuánto tiempo va a mantenerse esta proporción de dominio entre humanos y máquinas, y tal vez resulte utópico imaginar un mundo gobernado por los robots. Pero no obstante existen signos de que las fuerzas del neoliberalismo tienen una gran expectativa depositada en la posibilidad de que la política misma sea diseñada y dirigida por la IA. Aunque se trate de un escenario de momento improbable, su sola mención es indicativa de la dirección a la que el capitalismo actual se encamina. Amazon ha retirado de momento su sistema de IA para analizar currículums y reclutar empleados, tras las fuertes críticas de que el *software* mostraba serias

---

107. Thomas Euler da una serie de divertidos ejemplos sobre Estupidez Artificial en: https://bit.ly/2pJrl0x

desviaciones que favorecían a los postulantes de sexo masculino[108]. Eso no significa que la compañía, como muchas otras, haya renunciado a la idea de un método de selección de personal enteramente confiado a una evaluación computarizada.

Las aplicaciones para buscar pareja amorosa y/o sexual ponen a disposición del usuario una abundante oferta. Mediante un sencillo procesamiento de datos cruzados, el programa es capaz de establecer correlaciones e incitar en los abonados el sueño de la relación sexual posible. Pero incluso así, todavía los protagonistas conservan la potestad de engañar, ser engañados, elegir, rechazar, bloquear o simplemente decidirse por el *ghosting*, forma moderna anglosajona de referirse a «la despedida a la francesa», es decir, desaparecer sin previo aviso. ¿Qué implicaría en un futuro el hecho de que la elección amorosa fuese enajenada a un software que dictaminase la combinatoria perfecta? Es importante no perder de vista que la imposibilidad de la relación sexual no ha significado jamás una inhibición de su búsqueda por distintas vías.

Aunque sepamos sin lugar a error que la máquina no habrá de lograr una realización semejante, es inevitable suponer que una transferencia de decisión amorosa[109], como podría serlo de decisión política,

---

108. "Amazon ditched AI recruiting tool that favored men for technical jobs", *The Guardian*, 11/10/2018, https://bit.ly/2qgFJwZ

109. Se podrá argumentar que esto sería una versión sofisticada del clásico matrimonio concertado que regía en tiempos pretéritos de Occidente y que sigue existiendo en muchas partes del mundo. Pero que en estos casos los contrayentes no actúen libremente se debe a que sus vidas están cautivas en una tradición simbólica que (con independencia del juicio que sobre ello podamos abrir) no ha sido aún descompuesta por la modernidad. En cambio, la posibilidad de que en un futuro los sujetos «decidan» alienar su elección es algo completamente distinto, porque supone un desarraigo absoluto respecto de la historicidad en la que el ser hablante se resguarda de su desamparo originario.

nos traza un panorama inquietante, un horizonte de control y manipulación de grandes masas de población que delegan su responsabilidad en los nuevos dioses cibernético.

Capítulo XII

El inconsciente en la época del yo cuantificado

Si tomamos como punto de partida y de inspiración el sintagma de Jacques-Alain Miller *el hombre de cantidad*[110], y su afirmación de que el discurso dominante actual es el de la cuantificación, podemos retrotraernos de inmediato al modo en que Freud construyó su concepto de libido, hace ya más de un siglo. La caracterizó como una energía constante que no puede medirse. Al revisar esta idea, que interpretamos como el modo metafórico con el que Freud dio cuenta de la incidencia de la pulsión en la economía psíquica, nos damos cuenta de que hay allí algo extraordinariamente profético. Es sorprendente que junto con su esfuerzo por situar el psicoanálisis en el plano de las disciplinas científicas (puesto que Freud jamás abandonó este ideal), al mismo tiempo postulase un concepto que funciona como una cláusula de restricción. ¿Cómo podríamos incluir en el discurso de la ciencia la propuesta de un concepto

---

110. MILLER, J.-A.: «La era del hombre de cantidad», en *Todo el mundo es loco*, cap. VI, Buenos Aires, Paidós, 2015.

cuantitativo, una energía que al mismo tiempo no puede cuantificarse, cuando la esencia misma de ese discurso es precisamente la cuantificación? En vez de considerarlo una contradicción, me inclino a pensar que Freud manifestaba ya entonces esa tensión que es propia de las relaciones entre psicoanálisis y ciencia.

La historia de la ciencia moderna, la que situamos a partir de Descartes y de Galileo, comenzó de un modo muy marginal. Era un saber restringido a unos pocos, y su incidencia en la realidad del mundo empezó siendo muy modesta. Durante mucho tiempo la ciencia ocupó un espacio pequeño y su saber desempeñó una función que no pretendía tener demasiadas consecuencias en lo real.

Las cosas cambiaron mucho con la Revolución Industrial, porque a partir de ese momento la ciencia se convirtió en ciencia aplicada, empleada fundamentalmente para transformar el mundo físico, para crear cosas que cambiaron la concepción del trabajo, de la riqueza, y que por lo tanto dieron un vuelco a la historia. Hemos pasado de un discurso que se mantenía alejado de la vida a la situación actual, en la que el discurso que denominamos científico-técnico penetra en todos los pliegues de la existencia y que en los últimos años traspasa el umbral que nunca antes había alcanzado: el de la subjetividad. Ese discurso ya forma parte de nuestra vida cotidiana, habiendo logrado un consenso cuya universalidad no conoce antecedentes. Lo ha hecho al estilo de la religión, solo que religiones hay unas cuantas, mientras que la ciencia es una sola. Cuando digo al estilo de la religión es porque, como señala Miller evocando a Lacan, la ciencia es una modalidad del significante amo, que funciona como una oscura autoridad. Lo asombroso es que esa oscura autoridad ha sabido entrar en una auténtica consonancia con el sujeto real, al punto de que la oferta del discurso científico ha producido un aumento exponencial de adeptos, ha sabido «fidelizar» a las masas y crear en ellas lo que podríamos denominar una «voluntad de cuantificación»[111], una variedad de la servidumbre voluntaria que debemos investigar como un modo de goce introducido en el *parlêtre*. Un modo de goce que se traduce en lo siguiente: la mayoría de los seres humanos no solo acepta ser cuantificada, sino que expresa una auténtica pasión por serlo.

En los últimos años, un grupo de informáticos, periodistas e investigadores han puesto en marcha un importante movimiento con ramificaciones en todo el mundo: *The Quantified Self*[112] [El yo cuantificado], que agrupa a miles de personas dedicadas al *selftracking*, un neologismo que se traduce más o menos como «autorastreo». Con la ayuda de toda clase de instrumentos técnicos de medición que pueden llevarse cómodamente en el cuerpo (relojes, pulseras, brazaletes, sensores térmicos y acelerómetros), los adeptos a *Quantified Self* dedican gran parte de su tiempo a medirlo todo: el ritmo cardíaco, la presión sanguínea, el número de pasos andados, las características del sudor. La filosofía que anima a este movimiento es muy simple: todo aquello que puede medirse, *debe* ser medido. Más que un deseo, se trata de un imperativo, y en el fondo de este ideal de salud es imposible no distinguir la presencia latente y silenciosa del superyó. Tal vez debido a las numerosas críticas surgidas en los medios, ha desaparecido una página anexa denominada *Quantifiedbabies*, un foro dedicado a enaltecer obsesivamente las enormes

---

111. Al respecto, véase el extraordinario ensayo de MILLER, J.-A. y MILNER, J.-C.: ¿Desea usted ser evaluado? Málaga, Ediciones Miguel Gómez, 2004.
112. Véase: http://quantifiedself.com

ventajas del rastreo de datos en los niños mediante una batería de dispositivos técnicos que aumenta cada día[113]. El lema de *Quantifiedbabies* que podía leerse en la página de inicio, decía así: «Somos padres que nos cuantificamos a nosotros mismos. Queremos aplicar el mismo rigor a aquellos que no pueden aplicárselo a sí mismos: nuestros hijos». La tecnología como suplencia del Nombre del Padre en la crianza y educación de los niños se ha convertido en un síntoma cada vez más extendido. La «parentalidad Google», una práctica a la que cada vez son más adeptos los padres *millennial*, es uno de los tantos efectos generados a partir de la profunda desorientación que el debilitamiento de lo simbólico ha producido, en especial en aquellas sociedades donde la estructura familiar pierde peso específico en la transmisión del saber.

El propósito último de este movimiento de comunidades autovigiladas y monitorizadas es la gigantesca acumulación de datos que presuntamente nos ayudarán a construir un mapa personalizado de cada organismo, y a cartografiar los rincones secretos donde actúan los mecanismos del humor, los yacimientos escondidos que fabrican la química de nuestros estados de ánimo, emociones y deseos. La página de *Quantified Self* ofrece también un apartado, *Quantified Mind*[114], dedicado a la autoevaluación y cuantificación de las capacidades cognitivas.

Lacan propuso una teoría para demostrar que lo específicamente humano de la comunicación entre el bebé y la madre (entendiéndose aquí por madre cualquier figura que cumpla dicha función) es el proceso

---

113. No obstante, una idea aproximada de la locura parental puede verse en GODWIN, R.: "'You can track everything': the parents who digitise their babies' lives", *The Guardian*, 02/03/2019, https://bit.ly/2Nj7PAZ

114. Véase: http://www.quantified-mind.com/

por el cual el grito del bebé, provocado por el estímulo de una necesidad orgánica, es decodificado por el adulto, es decir, transformado en un significado humano, subjetivo, y por lo tanto «encriptado» según el modo en que el receptor lo traduce. Este pasaje del grito a su «encriptación significativa» (para emplear un lenguaje moderno), lejos de realizarse según un patrón de análisis algorítmico de datos, se procesa conforme al inconsciente de la madre, lo cual da lugar a la mayor equivocación de la existencia: la respuesta que el bebé obtiene le procura siempre una satisfacción fallida. Pero la paradoja consiste en que, de no mediar esa falla originaria, los seres hablantes no tendríamos deseos, puesto que los deseos son el residuo reactivo que sedimenta como resultado de esa frustración inevitable, y que forma el lecho vital de todo sujeto humano, el verdadero y constante motor de búsqueda.

Larry Smarr es uno de los héroes más aclamados por el movimiento *Quantified Self*. Astrofísico, padre fundador de las investigaciones que condujeron a la creación de Internet, este genio laureado con todos los honores internacionales a los que un científico puede aspirar abandonó hace años el rastreo del cosmos para dirigir su enfoque hacia un universo más apasionante e infinito: la materia fecal. Larry mide diariamente todos los marcadores orgánicos de su cuerpo: temperatura, ritmo cardíaco, presión arterial, análisis de sangre y de orina, pero su pasión fundamental se centra en sus propios excrementos, de los que extrae muestras permanentes que envía a los laboratorios para guardarlas más tarde en un gran congelador. Citémosle, puesto que sus palabras —aunque se refieran a sus desperdicios— no tienen desperdicio alguno:

¿Se ha preguntado alguna vez —dice dirigiéndose al periodista— la riqueza de información que se halla en su caca? Hay alrededor de cien mil millones de bacterias por gramo. Cada bacteria posee un ADN cuya longitud promedio es aproximadamente de diez megabytes, digamos que un millón de bytes de información. Eso significa que la materia fecal humana tiene una capacidad de datos de aproximadamente cien mil terabytes de información acumulada en cada gramo. Eso es infinitamente más información de la que contiene el chip de su *smartphone* o su PC. De modo que la caca es muchísimo más interesante que un ordenador[115].

Larry habla con verdadero entusiasmo sobre su caca, y no tiene reparos en abrir su congelador para mostrar las miles de muestras que almacena. Posiblemente sin saberlo, Larry no solo es el hombre medido, sino la metáfora viva del núcleo más profundo del capitalismo: una sistema cósmico, un universo cerrado y regido por fuerzas incontrolables, que gira alrededor de un núcleo central: la mierda.

Larry acumula mierda, pero enseña que la mierda no solo es riqueza, oro puro, como Freud supo demostrarlo al echar luz sobre la equivalencia entre el dinero y las heces, sino también una fuente inagotable de datos. Caca=datos=dinero, es la ecuación final, la síntesis definitiva de la civilización contemporánea, donde todo (incluida la caca) es mercancía aprovechable y negociable, sin olvidarnos que en el conjunto se incluye a los seres humanos como desechos potenciales o efectivizados, según las circunstancias.

El desafío actual es el de cuantificar lo cualitativo, es decir, lo que hasta ahora fue considerado ajeno a

---

115. BOWDEN, M.: "The Measured man", *The Atlantic*, Julio/Agosto 2012, https://bit.ly/36TVeMj

los procedimientos de medición. Me interesa destacar una observación de Jacques-Alain Miller, cuando sostiene que la cifra es la garantía moderna del ser[116]. El yo cuantificado es la base de una nueva ontología promovida por el discurso científico-técnico. A lo largo de la historia los extensos y variados esfuerzos filosóficos por construir una base ontológica fiable (que alcanza su punto decisivo con el *cogito* cartesiano) se han derivado hacia el campo de las ciencias matemáticas y sus instrumentos de medida[117]. Es muy cierta la ironía de este autor acerca de las revistas femeninas, plagadas de artículos que anuncian la cuantificación de lo cualitativo: el amor, el deseo, el orgasmo, etc.[118] Tal vez no sea una causalidad que estas publicaciones dediquen tanto espacio a dichos temas, si tenemos en cuenta que la falta en ser posee en las mujeres un estatuto particularmente acentuado. El atractivo de esas mediciones imaginarias reside para muchas mujeres en la posibilidad de encontrar referentes que proporcionan una respuesta fantasmática (supuestamente avalada por evidencias «objetivas») a los enigmas de lo femenino.

Para los hombres, el «descubrimiento» del punto G y otras patrañas cientificistas han sido y continúan siendo el intento desesperado de cifrar una sexualidad que carece de centro y no puede ser enteramente abordada desde la medida fálica. La fascinación por lo cuantificatorio aplicado a los resortes y movimientos de la subjetividad radica en la ilusión de clausurar la

---

116. El yo cuantificado viene al lugar del sujeto como falta en ser, precisamente para desmentirlo, en el sentido de la *Verleugnung* freudiana. Véase MILLER, J.-A.: *Todo el mundo es loco, op. cit.,* p. 143.

117. Véase, al respecto, la excelente obra crítica de Gould, Stephen Jay: *La falsa medida del hombre* (Barcelona, Editorial Crítica, 2017).

118. MILLER, J.-A.: *Todo el mundo es loco, op. cit.* p. 135.

división del ser hablante y ofrecerle el espejismo de la autoconciencia lograda.

Hay algo muy importante que debemos destacar a propósito de esta nueva ontología. En primer lugar, el hecho de que lo que solemos denominar discurso científico-técnico es en verdad una soldadura que comienza a derretirse. De forma progresiva vemos desplegarse dos paradigmas diferentes, que expresan dos concepciones enfrentadas. Ciencia y técnica comienzan a transitar caminos separados, puesto que el principio de imposibilidad que rige para la ciencia no tiene cabida en el discurso de la técnica. Ese divorcio entre ciencia y técnica tiene graves consecuencias. Entre ellas, el hecho de que el cuerpo humano se convierte en un objeto de disputa entre la ingeniería y la medicina, que rivalizan por ejercer un dominio hegemónico. La aproximación médica al estudio del cerebro es muy distinta a la que se propone la ingeniería en sus programas de IA. Para muchos ingenieros, los médicos constituyen un estorbo o, en el mejor de los casos, un conjunto de profesionales prescindibles, puesto que el futuro de la salud, la prevención y el tratamiento de las enfermedades debe basarse en los Big Data.

El cerebro es el nuevo objetivo a conquistar. Si alguna vez fue el cosmos, y luego el fondo de los océanos, el misterio que importa actualmente descifrar se encuentra en el cerebro. Se lo estudia siguiendo el modelo informático, lo cual alienta la promesa de trasladar la información de una vida humana a un ordenador, para volcarse luego en otro cuerpo. Podría ser una fórmula para lograr la inmortalidad. Si embargo, de momento estos proyectos tropiezan con el inconveniente provocado por el lenguaje humano, que pese a los grandes avances no puede trasladarse enteramente al lenguaje algorítmico, que es matemático. Hasta ahora, las dificultades se centraban en las propiedades metafóricas del lenguaje humano. Norman Mailer escribió en 1966 un magnífico ensayo, «Nuestro último argumento presentado»[119], donde dice lo siguiente:

> Voy a proponerles una serie de ecuaciones. No son *matemáticas*, sino metafóricas, y por ello están llenas de ciencia. Solo que no son científicas. Porque son ecuaciones que solo se componen de palabras. Con esto, lo que trato de decir es que mis ecuaciones se aproximan a fenómenos que no pueden ser medidos por un científico.

Más adelante añade:

> Ahora debemos reconocer que nos confrontamos con nada menos que la iglesia invisible de la ciencia moderna. No es un asunto menor. La ciencia ha construido una muralla a través de la ruta de la metáfora. Los poetas gimen ante los expertos. [...] Hay un peligro en la metáfora. Es el peligro que está presente en la poesía. Significados contradictorios se acumulan alrededor del núcleo de un significado; significados inconexos se conectan entre sí. Así, la ciencia buscó una metodología mediante el experimento capaz de ser rigurosa, precisa, capaz de medir la verosimilitud de la comprensión de la metáfora. El experimento se concibió para proteger al científico de la ambigüedad[120].

Contra esta ambigüedad, los expertos en el

---
119. En: MAILER, N.: *Fuera de la ley*, Buenos Aires, Emecé, 2016.
120. *Ibíd.*, pp. 214-216.

estudio del cerebro y la IA han desatado un auténtico combate. Roger Penrose, en su libro *La nueva mente del emperador*[121], demuestra que es matemáticamente imposible construir una mente computacional, puesto que el psiquismo humano es un proceso que integra elementos que no son digitalizables. Para sostener su argumento se apoya en el teorema de Gödel, el mismo que inspira a Lacan en su tesis de la no-relación sexual. El problema no es actualmente la metáfora, a pesar de los quebraderos de cabeza que supone para los ingenieros y matemáticos. El problema —lo sabemos— es el real que Lacan demostró como imposible: el real del goce, que objeta el lenguaje humano como información. La huella digital no es la marca significante, y la lista de deseos de Amazon es solo una lista de demandas, pero no de los verdaderos deseos. Es ahora cuando mejor podemos comprender la ironía de Lacan que dejó perplejo a Chomsky y que ya mencionamos[122]. En efecto, los psicoanalistas hemos elegido pensar con los pies. A ello nos obliga una ética, la del inconsciente, que podemos oponer al discurso de la cuantificación.

Para la técnica, propongo las siguientes fórmulas:

$$\forall x \ Q x$$

Para todo x, Qx (donde x designa un real, y Q la función cuantificadora).

$$\overline{\exists} x \ \overline{Q} x$$

No existe ningún x que no responda a la función cuantificadora

---

121. PENROSE, R.: *La nueva mente del emperador,* Barcelona, Ediciones Debolsillo, 2015.
122. Véase pág. 134.

Para el psicoanálisis, por el contrario, escribo:

$$\overline{\forall} x \quad Q x$$

No todo x responde a Qx.

$$\exists x \quad \overline{Q} x$$

Existe un x que no responde a Qx[123].

---

[123]. No resulta sencillo proporcionar al lector no familiarizado con la teoría lacaniana, o a los analistas de otras orientaciones, un desarrollo breve sobre el uso de estas fórmulas que Lacan emplea para establecer la lógica de la sexuación masculina y femenina, y que me permito extrapolar aquí.

No obstante, y en una apretada síntesis, se trata de oponer dos paradigmas diferentes. Mientras la técnica se arroga la capacidad de que todo lo real pueda ser llevado al plano universal de la cuantificación, sin posibilidad alguna de que una excepción sea admitida, el psicoanálisis postula la existencia de un factor en la subjetividad que escapa a esa cuantificación. Ningún protocolo, o tratamiento algorítmico de datos, ni procedimiento de medición, es capaz de anular un resto que se sustrae a la operación de cálculo, y que objeta la pretensión de que puedan deducirse conclusiones igualmente válidas para todos los sujetos.

Capítulo XIII
¿Hay alguien al mando de algo?

La transferencia de autoridad a las máquinas[124] no es solo el resultado de una evolución tecnológica sino, fundamentalmente, el corolario de la disolución progresiva de la función y el sentido de la autoridad auténtica, la que no se confunde con el poder arbitrario sino que emana de la custodia responsable de la verdad. Esta degradación de la función legítima de la autoridad, extendida a todos los ámbitos de la experiencia humana (familia, escuela, política), ha multiplicado una serie de fenómenos de violencia, devaluación del saber, impotencia en la gestión de conflictos sociales, inflación narcisista, búsqueda desesperada de la *visibilidad*, y generado un desplazamiento hacia las redes y aplicaciones como referentes sustitutivos. *Youtubers* e *influencers*, convertidos en líderes mediáticos son las nuevas figuras que encarnan el sujeto supuesto saber, mientras Google, una de las más poderosas corporaciones económicas de la historia, representa la garantía

---
124. Véase al respecto HARARI, Y. N.: "Why Technology Favors Tyranny", *The Atlantic*, Octubre 2018, https://bit.ly/2WO7mK6

incuestionable de la verdad, aunque sin duda —del mismo modo que Facebook— pueda ser en muchos casos un poderoso instrumento de desinformación.

Internet es probablemente uno de los más extraordinarios inventos en la historia de la civilización y, al igual que tantos otros, sus efectos son incalculables. No hay razones para dudar que Mark Zuckerberg afirmaba de buena fe que su propósito era conectar a las personas, lo cual ha sido conseguido ampliamente, y no imaginaba que una tecnología de esas características habría de ser empleada para fines muy poco nobles, como la interferencia en los asuntos políticos y la incitación al odio, el racismo y toda la larga variedad de infamias de las que los seres humanos somos capaces cuando entramos en contacto.

A la luz de lo sucedido en Myanmar (donde las autoridades militares emplearon Facebook para desatar una campaña contra los rohingyas que acabó en una auténtica carnicería), la venta de datos de los usuarios por parte de Facebook constituye una minucia, más atribuible al espíritu inescrupuloso de un billonario de Silicon Valley que a un interés político. Que Facebook, Twitter, WhatsApp, YouTube y otras redes sociales hayan comenzado a convertirse en un campo de batalla donde el odio, el resentimiento, la injuria y la denigración se multiplican de forma exponencial[125], no es algo directamente atribuible a dichas plataformas. Lo «viral» puede dejar de ser

---

125. Tal vez es aquí donde mejor se pueda aplicar el adjetivo «viral», empleado hasta el cansancio, si tenemos en cuenta que los virus no son precisamente portadores de bienestar. «Toda vida reducida finalmente a la infección que ella realmente es, con toda verosimilitud, es el colmo del ser pensante. Lo malo es que no se dan cuenta de que la muerte al mismo tiempo se localiza en lo que en lalengua tal como yo la escribo, llama la atención». LACAN, J.: «La Tercera», conferencia pronunciada en Roma el 1 de noviembre de 1974. El significante, desatado, acaba siendo indiscernible de la pulsión de muerte, un fenómeno que Freud denominó «desintrincación pulsional».

una metáfora para convertirse en un virus de rápido contagio y sin posibilidad alguna de vacunación preventiva ni tratamiento consensuado.

Una buena parte de las graves consecuencias que pueden acarrear las tecnologías se debe al hecho de que, en sus inicios, la mayoría de las personas no creía siquiera en su viabilidad. Cuando esta finalmente se demuestra, ya es tarde para detenerla o al menos ejercer un mínimo control o regulación[126].

El reto actual de la industria digital supera ya el de la conquista de aspectos tales como la salud física o mental de las personas y se dirige hacia un objetivo aún más ambicioso: la introducción de un dispositivo computarizado en el interior de todos los objetos del mundo, interconectados a su vez. El denominado «internet de las cosas» (IOT, siglas de «Internet of things») se expande a gran velocidad. Muchos de estos inventos pueden parecernos absurdos y con escasas probabilidades de prosperar, pero nos equivocamos. No solo la mayoría de ellos acabará imponiéndose, sino que supondrán una importante amenaza contra la seguridad y la privacidad, como advierten algunos estudiosos del desarrollo tecnológico[127]. Un mundo completamente robotizado y conectado a internet puede constituir no solo una fuente infinita e incontrolable de datos aprovechables para toda clase de propósitos, sino que puede hacer de la vida individual y social un objeto de vigilancia, seguimiento y depredación.

Las soluciones —o al menos precauciones— que se han propuesto son completamente absurdas, como

---

126. No es necesario dar ejemplos históricos donde este mecanismo de negación se ha activado y seguirá repitiéndose.

127. Véase, por ejemplo, el libro de SCHNEIER, B.: *Click here to kill everybody. Security and survival in a hyperconnected world*, Nueva York, W.W. Norton & Company, 2018.

por ejemplo creer que solo la acción firme de los gobiernos puede legislar de tal modo que los peligros se vean atenuados. Propuestas de este tipo parecen dar por sentado que «los gobiernos» son organismos que de forma natural actúan al servicio del bien de sus países y sus habitantes.

El proyecto *Dragonfly*, llevado a cabo en conjunto entre Google y el gobierno chino de forma secreta y destapado por la publicación *on-line The Intercept*, consiste en el desarrollo de tecnologías muy sofisticadas con el fin de ejercer una censura automática de contenidos accesibles en internet, así como de convertir cada teléfono móvil o cualquier otro aparato en un dispositivo de control y vigilancia de la población[128]. Numerosos empleados de Google han renunciado ante el anuncio de este proyecto, como protesta por lo que consideran un atentado a la ética originaria con la que la compañía fue desarrollada[129].

Dada que una de las características de esa clase de tecnología de conectividad es su constante abaratamiento, en la actualidad, transformar cualquier producto en un pequeño o incluso casi microscópico ordenador, resulta perfectamente rentable. Amazon ha creado un microchip que podrá insertarse de manera muy sencilla en todo objeto imaginable (desde una compresa femenina hasta el cepillo de dientes, pasando por los condones y los juguetes eróticos)[130] y ha comenzado a establecer contratos con los fabricantes para que sus productos puedan

---

128. GALLAGHER, R.: "Google plants to launch censored search engine in China, leaked documents reveal", *The Intercept*, 01/08/2018, https://bit.ly/2pOFObn

129. O'DONOVAN, C.: "Google Employees Are Quitting Over The Company's Secretive China Search Project", *BuzzFeed.News*, 13/09/2018, https://bit.ly/2pFRJZa

130. Qué duda cabe de que la extracción de datos en materia de sexualidad constituye uno de los objetivos principales de las grandes compañías.

admitir ese microchip. A partir de ese momento, el objeto puede ser puesto en funciones y responder a nuestras demandas mediante Alexa, el sistema operativo de voz que emplea Amazon. Dentro de muy poco tiempo, los objetos (incluso aquellos que no incluyen mecanismo alguno, como un pañal de bebé) que no estén conectados a internet serán raros.

En el año 1974, en su conferencia dictada en Roma y conocida como «La Tercera»[131], Lacan se preguntaba si el futuro nos auguraría un mundo en el que los objetos técnicos llegarían a dominarnos. Su respuesta era negativa, toda vez que consideraba imposible que los *gadgets* no se volviesen un síntoma. Los objetos técnicos comienzan a dominarnos y al mismo tiempo nuestra relación con ellos se torna sintomática, al punto de que algunas de las figuras más relevantes que fueron fundadoras de las compañías de Silicon Valley se transformen en los pastores de una nueva religión, que alerta contra los peligros de lo que ellos mismos han contribuido a crear. El *smartphone*, ese pequeño dios que nos acompaña a todas partes y cuyo valor de *agalma* se ha vuelto prácticamente universal, comienza a ser acusado de encerrar un demonio que podría devorarnos el *alma*.

Lo que preocupa a muchos investigadores es que aunque grandes compañías como Apple, Google, Facebook y Amazon realicen grandes inversiones para intentar mantener un mínimo de seguridad y alerta sobre la privacidad de sus usuarios, sus intentos son en última instancia insuficientes. No cabe duda de que ellos pueden entrar en nuestra vida cuando les plazca, pero al menos intentan que no pueda hacerlo cualquier *hacker*. En cambio, las pequeñas empresas que se van incorporando al mundo IOT no tienen ni los medios,

---

[131]. LACAN, J.: «La Tercera», https://bit.ly/2ND7vwK

ni la incentiva ni la determinación de ocuparse de ese problema. No es fácil que alguien pueda acceder a la información de nuestro iPhone, pero cualquiera con un mínimo de nociones de codificación puede acceder a nuestra red wifi entrando en el microchip del microondas, o de la impresora, o de la cerradura informatizada de nuestra casa, porque los fabricantes de esos artefactos no habrán tomado ni siquiera las más elementales medidas de seguridad. De allí que un nuevo filón se abra para las multinacionales de seguros: pólizas para cubrir los riesgos de sucumbir a un ciberataque.

Al respecto, no es completamente cierto que las ideologías se hayan licuado. Por lo menos no tanto como parece. La ideología de la seguridad es un gran relato —tan falso como las noticias— que funciona y tiene un largo porvenir. El discurso neoliberal, que ha arrojado a tres cuartas partes de la humanidad a su suerte, se proclama como el Gran Protector que vela nuestro sueño. La seguridad va de la mano de las tecnologías de vigilancia, las que supuestamente tienen la misión de hacer el bien. Pero el asunto no es tan sencillo.

Con un poco de demora —apenas dos años— se empieza a saber que en 2017 la Agencia de Seguridad Nacional de Estados Unidos (NSA) había perdido el control de uno de sus juguetes favoritos: *Eternal Blue*, el arma de ataque cibernético más poderosa conocida hasta entonces[132]. Un grupo de hackers aún desconocido, *The Shadow Brokers*, la robó y vendió a Corea del Norte, Rusia, Irán y otros países, quienes desde entonces lanzaron docenas de atentados especialmente contra ciudades americanas, pero también inglesas y alemanas. Las autoridades de EE. UU. ocultaron y disfrazaron el origen de los

---

132. PERLROTH, N. y SHANE, S.: "In Baltimore and Beyond, a Stolen N.S.A. Tool Wreaks Havoc", *The New York Times*, 25/05/2019, https://nyti.ms/2pOnb7i

graves desmanes causados en empresas, control de semáforos, trenes, diques, hospitales, redes de energía eléctrica, suministro de agua y fábricas de vacunas, por mencionar tan solo algunos de los objetivos que sufrieron golpes severos. Gracias a las filtraciones los ciudadanos comenzaron a conocer la causa de todo lo que habían venido padeciendo.

Las nuevas guerras se librarán sin sangre ni muertos, al menos no será esa la consecuencia inmediata, como se demostró con el ciberataque masivo que Rusia infligió a Estonia el 26 de abril de 2017. Estonia es el país que posee el sistema tecnológico de administración más avanzado del mundo, lo que al mismo tiempo lo convierte en el más vulnerable. La única manera en que los estonios pudieron defenderse de la acción fue desconectando de internet a la nación entera, lo que significó la paralización total, pero al menos evitó que sus sistemas fueran destruidos. En cuestión de horas, el Oso Ruso puso de rodillas al pequeño estado sin disparar un solo tiro, y si no los barrieron del mapa fue porque solo querían lanzarles un mensaje de advertencia. Los rusos estaban ofendidos por la retirada de una estatua en la ciudad de Tellin, que en su día se erigió para homenajear a un héroe del estalinismo[133].

Eternal Blue escapó al control de la NSA y los expertos admiten que es imposible volver a tomar el control del invento. Estamos a punto de superar la era de la guerra caliente y de la guerra fría. Ahora, como el trabajo remoto que se extiende cada vez más en las empresas, la guerra puede hacerse desde el sillón de casa. Solo se necesita un buen ordenador y algunas habilidades informáticas. Los algoritmos del *malware* se encargan de todo, incluso de redactar los términos de la rendición.

---

133. Para una detallado análisis del ataque ruso a Estonia, véase https://bit.ly/2qyWaoI

Capítulo XIV

Las nuevas máquinas de influencia

El panóptico actual no se basa exclusivamente en la mirada. Las cámaras CVT que pueblan las ciudades, los drones, el control ejercido por vigilancia satelital, los sistemas de reconocimiento facial, constituyen tan solo una parte de las tecnologías que aprovechan uno de los objetos pulsionales más importantes del ser hablante para intervenir en la vida diaria e íntima. Miramos las pantallas y somos vistos por distintos dispositivos. En su Seminario XI, Lacan señala que la pantalla es la función mediadora entre la visión y la mirada[134]. Su conocida anécdota sobre la lata de sardinas flotando en el mar[135], le sirve para destacar que la mirada es a la vez un punto luminoso y opaco. El sentimiento de ser visto desde todas partes, que es una seña de identidad en ciertas formas de psicosis paranoicas y esquizofrénicas, descubre en internet un punto donde el hilo del delirio puede comenzar a anudarse. La certeza de ser vigilado por la omnivisión

---
134. LACAN, J.: *El Seminario de Jacques Lacan. Libro 11: Los cuatro conceptos fundamentales del psicoanálisis,* Barcelona, Paidós, 1987, p. 103.

135. *Ibíd.,* p. 103.

cósmica que se apodera de algunos psicóticos en la fase aguda de su delirio persecutorio, es el correlato de un mundo en el que el ojo de Dios ha encontrado su realización técnica. La obra de Gerard Wajcman *El ojo absoluto*[136], cubre abundantemente este tema, por lo que no es preciso extenderme más sobre ello. En cambio debemos destacar que, junto con la mirada, la voz va convirtiéndose en un objeto digitalizado preferente. De todos los objetos pulsionales, posee la propiedad de atravesar la pantalla, ingresar en nuestro cuerpo e instalarse como un *partenaire* que nos recuerda un hecho de estructura: el significante nos habla. Nos habla desde todas partes. La voz es aquello que mejor puede encarnar la presencia del Otro, incluso convertirse en una causa del deseo, como lo ha demostrado el cineasta Spike Jonze en su película *Her*, en la que el protagonista se enamora de la voz femenina de un sistema operativo. La virtud de esta película es demostrar con extraordinaria verosimilitud hasta qué punto la ingeniería robótica comprende la importancia decisiva de la voz en la experiencia del ser hablante.

El fenómeno Alexa, el sistema operativo de voz creado por Amazon e instrumentado fundamentalmente a través de su dispositivo *Echo* (un altavoz inteligente capaz de reconocer la voz humana, responder y obedecer órdenes tales como encender las luces de la casa, o el aire acondicionado, preparar el café, dar el pronóstico del tiempo, reproducir una canción, acceder a millones de datos y un sinnúmero de cosas más que cada día se multiplican) se ha introducido en la vida cotidiana de los hogares americanos hasta el extremo de que la compañía encuentra dificultades para abastecer las demandas que llegan

---

136. WAJCMAN, G.: *El ojo absoluto*, Buenos Aires, Ediciones Manantial, 2011.

desde todos los continentes. Mucho más que *Siri*, el equivalente de Apple, Alexa se ha convertido en el mayor y mejor logrado asistente virtual hasta ahora. Lo más interesante entre sus funcionalidades no es el que pueda realizar tareas estrictamente mecánicas como encender la tele, dar los horarios de trenes, o buscar el significado de una palabra en el diccionario. Sus *skills* [habilidades] son aplicaciones que pueden adquirirse en la tienda *on-line* de Amazon y que incluyen una interacción subjetiva, como es el caso de algunas que supuestamente sirven para inducir sueños agradables[137]. No es solo por mera funcionalidad vinculada a la IA que las grandes corporaciones tecnológicas se lanzaron a una carrera frenética en el dominio de la articulación entre voz y lenguaje. La voz posee una propiedad de fascinación particular y, aunque el espectáculo de miles de individuos capturados en la visión de la pantalla de su *smartphone* nos inclina a pensar que el goce escópico (sumamente pacificador, sin duda)[138], es lo que por excelencia domina el modo de relación del sujeto con su *partenaire*, es preciso recordar el estatuto hipnótico de la voz, ese resto que resulta de la sustracción de la significación a la cadena significante. Aunque una mirada pueda bastar para ejercer un efecto de autoridad, la voz suele asociarse a la idea de orden y dominio. De hecho, los efectos subjetivos del automatismo mental en la psicosis ponen de manifiesto que las posibilidades de defensa ante la voz son mucho menores. Ante la voz del Otro (y la voz es, incluso en su estatuto originariamente áfono, algo que proviene del Otro) el sujeto sucumbe fácilmente, puesto que el oído carece de esfínter: no

---

137. Véase: https://amzn.to/2O333GP

138. LACAN, J.: *El Seminario de Jacques Lacan. Libro 10: La angustia*, Barcelona, Paidós, 2006, p. 261.

puede cerrarse. De tal manera que la solicitación vocal deja al sujeto a merced de una sensibilidad y de una forma de captura a la que no le resultará fácil escapar. Inversamente, proporcionarle al sujeto la posibilidad técnica de ejercer un dominio vocal sobre los entes del mundo alienta en él el fantasma de que pueda establecerse un lazo de adecuación entre la demanda y su objeto, la fórmula mágica que los programadores intentan crear con sus prodigios algorítmicos. Sin embargo, y aunque los sistemas de reconocimiento y articulación vocal sean un componente decisivo en los desarrollos de la IA y la robótica, es particularmente instructivo apreciar el doble valor de este objeto que, como hemos señalado, posee ese carácter hipnótico (equivalente al espejismo en el campo escópico) pero al mismo tiempo persecutorio, dado que la voz es también la extrañeza que resulta de la sustracción del significado operada sobre la cadena significante, algo que sucede especialmente cuando el significante se libera de su posición y se propulsa como un eslabón aislado del resto[139].

Esa dimensión intrusiva de la voz se proyecta en la creciente alarma de que los dispositivos (los móviles o *Echo*, el altavoz inteligente operado mediante el *software* Alexa) se han convertido en espías que escuchan nuestras conversaciones. Eso es hasta cierto punto real e inevitable, puesto que para que *Siri* o *Alexa* puedan ser operativos, el micrófono de los dispositivos debe permanecer en estado de hibernación, listo para activarse ante la palabra disparadora de la aplicación («¡Oye, Siri!», o simplemente «¡Alexa!», cuando se trata del sistema implementado por Amazon). Los fabricantes aseguran

---

139. Nos ocuparemos más adelante sobre las razones por las que *Apple*, *Google*, Amazon y otros grandes hayan elegido voces femeninas como la opción seleccionada por defecto en sus sistemas operativos. El tema merece una consideración destacada.

que sus políticas de empresa excluyen por completo la práctica del *eavesdropping* («escuchar a escondidas»), pero la realidad es que los hechos lo desmienten y todos los teléfonos y altavoces están programados para la funcionalidad del *tapping* («pinchado» de un teléfono). En definitiva, no solo somos hablados desde todas partes, sino también escuchados permanentemente. La divertida y a la vez inquietante anécdota de la familia de Portland cuya conversación fue grabada por el altavoz *Echo* y enviada luego al correo electrónico del marido de una de sus empleadas[140], reveló lo que todos los expertos sospechaban: los límites de la privacidad no solo no existen, sino que son transgredidos sin ningún consentimiento. La política de *cookies* de la que se nos advierte hasta el hartazgo cada vez que abrimos una página web es una estrategia de «transparencia» que esconde una táctica de «minería de datos» a la que no podemos escapar.

A medida que aumentan las pruebas y la conciencia pública de que nuestras vidas son cada vez más escrutadas, de que nuestra intimidad es vulnerada en todos sus ámbitos, se produce un efecto en apariencia paradójico: la emergencia de multitud de foros, páginas webs, incluso aplicaciones, destinadas a denunciar, prevenir, o al menos atenuar ese avasallamiento del que somos objetos (objetos sin duda alguna complacientes y cómplices, como hemos ya señalado), pero que al mismo tiempo deben emplear los mismos medios que son puestos en cuestión. Se manifiesta aquí, una vez más el elemento «inatacable» del discurso capitalista, tal como Lacan lo formuló en su Seminario 17:

---

140. WAMSLEY, L.: "Amazon Echo Recorded And Sent Couple's Conversation — All Without Their Knowledge", *npr*, 25/05/2018, https://n.pr/34C4RNB

La plusvalía se añade al capital. [...] Lo sorprendente y que nadie parece ver, es que a partir de ese momento, por el hecho de que se han aireado las nubes de la impotencia, el significante amo aparece como más inatacable aún, precisamente en su imposibilidad. ¿Dónde está? ¿Cómo nombrarlo? ¿Cómo situarlo si no es, por supuesto, en sus efectos mortíferos? ¿Denunciar el imperialismo? ¿Pero cómo detener este pequeño mecanismo?[141]

Ese «pequeño mecanismo» que mueve el universo es la manifestación de la inercia imparable e insoslayable del significante en tanto Uno solo, un *bot* capaz de replicarse al infinito y cuya propiedad repetitiva sirve a los fines de crear redes en las que estamos cautivados y cautivos. Hasta el momento, no solo resulta imposible escapar a la autocracia digital, sino que todo hace prever que se trata de un movimiento de aceleración creciente. La imagen del «genio que ha escapado de la botella y que nadie sabe (ni en el fondo desea) cómo volver a meter dentro» se ha convertido en una de las metáforas más recurrentes en las miles de páginas que diariamente se escriben sobre las tecnologías. Es a todas luces evidente que la circularidad del discurso capitalista se refleja en la imposibilidad, ya no digamos de limitar, sino tan solo de regular, cualquier desarrollo e implementación de las tecnologías. La mayoría de las plataformas de redes sociales han sido deliberadamente diseñadas para crear un lazo adictivo entre el sujeto y los dispositivos de conexión.

En un libro verdaderamente profético[142], Nell Postman observaba con brillante clarividencia

---

141. LACAN, J.: *El Seminario de Jacques Lacan. Libro 17: El reverso del psicoanálisis*, Barcelona, Paidós, 1992, p. 192.
142. POSTMAN, N.: *Amusing ourselves to death*, USA, Penguin, 1986.

que en la era de la tecnología avanzada «es más probable que la devastación espiritual provenga de un enemigo con rostro sonriente que de uno que exprese sospecha y odio»[143]. Postman destacó la diferencia entre la distopía de Orwell (*1984*) y la de Huxley (*Un mundo feliz*). Mientras el primero retrata un mundo en que el somos objeto de una tiranía vigilante, un superyó cuya ferocidad se manifiesta en el aplastamiento implacable de toda libertad, el segundo nos muestra la dictadura de la felicidad, el control y la manipulación de las masas mediante los instrumentos de la distracción y el entretenimiento. Escrito unos años antes de la invención de internet, Postman advertía que Norteamérica se encaminaba hacia el cumplimiento de la profecía de Huxley, toda vez que la sociedad marchaba voluntariamente hacia la diversión generalizada. La célebre definición marxista de la religión como «el opio del pueblo» cabe aplicarse ahora a la sujeción hipnótica a una realidad en la que el registro virtual va dominando todo el campo de la experiencia subjetiva. Postman lo expresa de forma demoledora: «La conciencia pública no ha llegado a asimilar el punto de que *la tecnología es ideología*»[144].

Resulta inexcusable desconocer que toda tecnología se acompaña de un programa de cambio social y que «afirmar que la tecnología es neutral, suponer que la tecnología es siempre amiga de la cultura, es en la actualidad una soberana estupidez»[145]. Verdaderas máquinas de goce, los dispositivos y las redes sociales que se expandieron como promesa de una conversación universal, capaces de crear lazos de

---

143. *Ibíd.*, p. 228.
144. *Ibíd.*, p. 229, (Las cursivas son del autor).
145. *Ibíd.*, p. 230.

entendimiento y aproximación entre sociedades y culturas, muestran cada vez más su rostro más oscuro. Aumenta el número de «desertores» (ingenieros, programadores, diseñadores) huidos de las filas de quienes conforman la base sustancial de la industria tecnológica, atormentados por la conciencia de haber participado en la creación de algo cuya función y propósito ha cambiado dramáticamente[146].

Uno no puede menos que preguntarse si la «realidad aumentada» no es en el fondo una «realidad reducida», una suerte de funcionalidad fantasmática que ha sustituido las distintas ideologías por una sola, una épica de la conexión espiritual que finalmente se revela como un escenario en el que se despliega un tribalismo inflamado de odio. Google, Facebook, WhatsApp, Twitter, Instagram, YouTube, plataformas que han cambiado nuestra forma de vida, que han moldeado y reconvertido los lazos sociales, la política, el consumo, los valores, y cuyos extraordinarios e indiscutibles beneficios no pueden desmerecerse son, con sobradas razones, objeto de sospecha, desconfianza, incluso alarma, ante la posibilidad de que puedan convertirse en algo mucho mayor que instrumentos a nuestro servicio. Como lo expresa de forma rotunda Siva Vaidhyanathan[147], la evolución de estas megacompañías hace difícil descartar la posibilidad de que se transformen en el «sistema operativo de nuestras vidas». Eso supondría, entre otras cosas, el giro hacia una forma de subjetividad progresivamente sostenida en fórmulas de suplencia,

---

146. Sobre la «guerra» interna que se lleva a cabo dentro de la compañía *Google* como resultado de las profundas disidencias de un importante porcentaje de sus empleados, véase: TIKU, N.: "Three years of misery inside *Google* the happiest company in tech", *Wired*, 13/08/2019, https://bit.ly/36McKCa

147. *Antisocial Media*. Oxford University Press, 2018.

análogas a aquellas que en las psicosis permiten reparar los fallos de anudamiento entre real, simbólico e imaginario. Ya es posible observar dos fenómenos cada vez más extendidos: la transferencia del sistema mnémico a los dispositivos digitales, y la progresiva pérdida de orientación espacial debido a la utilización masiva de instrumentos de navegación y geolocalización. Hoy en día es frecuente que las personas no sean capaces de memorizar más que unos pocos números de teléfono y presenten dificultades para trazar mentalmente el recorrido que deben realizar para desplazarse a una dirección. «Cómo llegar» es un añadido que se ha vuelto obligado en la mayoría de los lugares que se anuncian en internet, ya sea un local comercial, un servicio sanitario, un restaurante o cualquier otro punto topográfico.

Capítulo XV

Retornos de lo real

Carece de todo interés especular si Mark Zuckerberg y los otros creadores de las mastodónticas compañías de comunicación obran de buena fe, si verdaderamente creen el mensaje *naive* que transmiten (poner todo su empeño en contribuir a «un mundo mejor») o si están animados por una codicia desenfrenada, tanto en el terreno del poder económico como en el de constituir un relato ideológico hegemónico: la tecnología como instrumento capaz de resolver todos los *impasses* de la civilización. Muchos psicoanalistas cometen un gravísimo error al desmerecer el significado positivo de las tecnologías. Nuestra posición no consiste en alertar sobre los peligros a los que podemos enfrentarnos y que ya son noticia cotidiana. De eso se ocupan muchos movimientos encabezados por filósofos, sociólogos, ingenieros, futuristas, y pensadores en general. Lo que nos interesa de modo particular es comprender los efectos sintomáticos que se presentan a nuestra escucha, a sabiendas de que cualquier política educativa en materia de uso, restricción o permisividad de las redes sociales es completamente ajena a nuestro discurso. Las tecnologías no han «fabricado» el odio, la pornografía, la difamación, los ataques cibernéticos, y tantas otras derivaciones «indeseables» respecto de las infinitas posibilidades con las que contamos en la actualidad. Son el vehículo de todas las pasiones que afectan al ser hablante, las mismas que existen desde que podemos reconocer la huella del *homo sapiens* en la historia. No está en nuestras manos (como posiblemente en las de nadie), ni forma parte de nuestra ética, intentar cambiar el curso de la evolución tecnológica[148]. Somos, en cambio, los depositarios de aquello que cae, el desecho que el engranaje desprende y también de esa pequeña cosa que puede introducirse de modo subrepticio y provocar una alteración dramática en el funcionamiento del engranaje. Dicho en otros términos, al operar sobre lo real las tecnologías actúan como desencadenantes de ese otro real específico al que el psicoanálisis se dirige y que se manifiesta indefectiblemente a través del síntoma: ese real desencajado del saber que no había sido previsto por los genios de Silicon Valley y que Freud descubrió al franquear los márgenes del principio del placer. La introducción de un significante en lo real, fenómeno que anuncia la entrada en la psicosis, moviliza los recursos simbólicos e imaginarios de un sujeto con el propósito de organizar una estrategia de contención y fijación. El delirio es la construcción narrativa que proporciona un contexto de sentido a fin de acomodar

---

[148]. «Desde el inicio la Iglesia había percibido que el discurso de la ciencia iba a tocar a ese real que ella protegía como naturaleza. Pero no bastó con encerrar a Galileo para detener la irresistible dinámica científica, así como tampoco bastó con calificar de turpitudo a la avidez por aprovecharse de las ganancias, para detener la dinámica del capitalismo. Es Santo Tomás quien utiliza la palabra latina turpitudo para el progreso». Miller, J.-A., «Presentación del tema del IX° Congreso de la AMP», accesible en https://bit.ly/2WSlXEc

la intrusión de goce que acompaña el amanecer de un significante nuevo. Su novedad radica en su carácter aislado de la cadena significativa y el vacío de la significación, razón por la cual la perplejidad es la respuesta inicial del sujeto ante aquello que ha venido a su encuentro.

La conciliación entre el sujeto y lo nuevo exige siempre una mediación narrativa.

De manera análoga, una tecnología no solo se impone por su efectividad, por su capacidad de intervenir pragmáticamente en la vida real de los individuos, sino que también requiere el soporte de un discurso. De allí que no exista tecnología que no constituya a su vez una ideología y que la fidelización del usuario dependa tanto de la satisfacción que obtiene del recurso como del sentimiento identitario que suscita. «Ser de IOS» o «ser de Android» no es una simple cuestión de elegir entre dos sistemas operativos en función de sus prestaciones. Más allá de sus diferencias técnicas, supone la división entre dos categorías de usuarios que han asumido la configuración de un relato que posee determinados valores y a los que se adhiere en algunos casos con verdadero fervor (como por ejemplo la defensa de Android como un sistema libre y abierto versus el orden cerrado y «tiránico» de IOS).

Tal vez, una de las mejores demostraciones de la importancia del factor ideológico y por lo tanto narrativo en el éxito de una tecnología es la filosofía empresarial promovida por Jeff Bezos, el fundador de Amazon, y conocida como *Day One*[149]. Consiste en afirmar, demostrar y hasta cierto punto confirmar mediante una estructura de gestión en la que todo está centrado en el resultado por encima del proceso,

---

149. Véase: https://bit.ly/2oY8fTV

que la compañía desafía el tiempo y por lo tanto la obsolescencia manteniéndose en la perpetuidad del «día Uno», el día de la creación, el día vital en que el albor de algo nuevo asomó por primera vez y que como tal debe conservarse. Lo esencial de la estrategia de Amazon se resume en poner todos los medios para evitar la llegada del «día Dos», que su propio creador define como el declive y la muerte. Por esa razón, y apelando a la «magia» performativa del lenguaje, Bezos afirma con absoluta rotundidad que en Amazon *siempre* es el «día Uno». Obviamente, detrás de la afirmación existe un complejo y cuidadoso mecanismo destinado, entre otras cosas, a consolidar en los ejecutivos e ingenieros (de un modo semejante al que emplea Mark Zuckerberg) un espíritu corporativo de constante elación, en el que estimula preferentemente la toma de decisiones a muy alta velocidad. Con el apoyo de los recursos en IA (donde se vuelcan las mayores partidas presupuestarias de la compañía) el objetivo es la máxima reducción del tiempo de comprender en beneficio del momento de concluir. Por una parte, la compresión del tiempo sorteando la estructura binaria y clásica del S1-S2. Por otro, la máxima durabilidad del efecto inducido por el S1 (*Day One*), que tiene el estatuto de acontecimiento fundante convertido en principio de repetición (S1, S1...S1). La evitación del deslizamiento metonímico de *Day One* a *Day Two* (S1-S2) exige numerosas tácticas.

Bezos enumera cuatro tácticas que considera esenciales[150]: obsesión por el cliente, escepticismo respecto de los intermediarios, adopción entusiasta de las tendencias exteriores y alta velocidad en la toma de decisiones, porque se parte de la premisa de que el error (si se detecta en un plazo no muy

---

150. *Ibíd.*

largo) es más barato que la demora de las acciones. El aspecto más interesante para nuestra perspectiva es el acento puesto en el cliente. Aquí la retórica narrativa se vuelve esencial: las encuestas, las pruebas beta, los algoritmos que trazan matemáticamente el perfil del consumidor, todo ello —según la opinión del propio Bezos— es totalmente secundario. Se trata de «comprender» al cliente, realizar un esfuerzo máximo de subjetivación, comprometerse en una «experiencia que comienza por el corazón, la intuición, la curiosidad, el juego, las tripas, el gusto. Algo que no vamos a encontrar en las encuestas»[151].

En síntesis, la filosofía del *Day One* es una perfecta amalgama entre racionalización cibernética y una visión «humanista» del mercado, en la que la satisfacción del cliente constituye el *target* fundamental. Más allá de sus diferencias, la estrategia de las macroplataformas de venta y comunicación consiste en convencer que aquello que se vende es la felicidad, y que todas ellas están comprometidas en la construcción de un mundo mejor. He insistido en varias ocasiones sobre la escasa importancia que desde el punto de vista psicoanalítico tiene la buena o mala fe de los grandes profetas de Silicon Valley. Lo que nos importa es el proceso por el cual las tecnologías de la globalización acaban por convertirse en instrumentos al servicio de objetivos para los cuales no habían sido inicialmente creados. Hasta cierto punto, esa mutación escapa a los propios creadores. El mundo tecnológico, como el discurso de la ciencia, posee una inercia que le es propia, que no responde enteramente a la voluntad de sus agentes, actores e inventores. Como en el mito del Gólem, la criatura adquiere una vida por sí misma e inicia un derrotero cuya trayectoria es

---

151. *Ibíd.* (Traducción del autor.)

incalculable y cuyas consecuencias son imprevisibles. Más aún: en ciertos casos también irremediables[152].

La incertidumbre que el nuevo milenio trajo consigo ha dado origen a una profunda conmoción en el plano político e ideológico. Aunque las repeticiones en la historia son siempre aparentes, no cabe duda de que una mirada superficial puede advertir los signos crecientes de un proceso involutivo, caracterizado por el aumento de posiciones reaccionarias y el retroceso en materia de derechos humanos. El progreso tecnológico cuyas bondades se anuncian cotidianamente no encuentra su correlato en una mejoría en la vida social. Algunas tecnologías, como el *smartphone*, han creado la ilusión de una «democratización» generalizada. Otras muchas, en cambio, han venido a reforzar la brecha económica que divide de forma cada vez más extrema la población del planeta. El tecnomilenarismo, al que ya hemos hecho referencia, se propone alertar y preparar a la humanidad para el advenimiento de un cataclismo cercano, pero su filosofía en verdad encubre un fabuloso negocio que solo estará al alcance de una minoría privilegiada.

SpaceLife Origin, una compañía establecida en Holanda, ha anunciado recientemente su propósito de enviar en el año 2024 una mujer embarazada al espacio —acompañada de un equipo médico altamente cualificado— para que dé a luz en una nave orbitando a quinientos kilómetros de altura alrededor de la Tierra[153]. La misión completa, incluyendo el regreso, tendría una duración no mayor de un día y medio. Interrogado sobre los motivos para semejante empresa, Egbert Edelbroek (uno de los ejecutivos de la compañía) argumenta

---

152. La instauración y avance del Estado Islámico habría sido impensable sin la tecnología de las redes sociales.

153. Véase: https://bit.ly/34FCyhm

que este experimento es parte del proceso de creación de una «póliza de seguro para la especie humana»[154]. Dicho experimento será precedido por otras misiones que tendrán lugar en el año 2020 bajo el nombre de *Ark*, de intencionadas reminiscencias bíblicas, y que en la página web de la compañía se anuncia de manera triunfal como «La suprema póliza de seguro de la Humanidad»[155]. Estas misiones consisten en mantener en órbita durante décadas, en satélites acondicionados para resistir cualquier clase de ataque o daño, las «Semillas de la Vida», esperma y óvulos criogenizados que servirán para colonizar y poblar mundos futuros. Vale la pena citar literalmente los argumentos de *SpaceLife Origin*:

> Su descendencia completamente asegurada en nuestro satélite *SpaceLife* de autonomía plena. Orbitando a 300 millas sobre la tierra. Protegida para las próximas décadas. Sin importar los acontecimientos que en ella puedan suceder. El Arca de *SpaceLife* protege en el espacio sus «Semillas de Vida», las células reproductivas, de las crecientes amenazas que se ciernen sobre la vida humana en la tierra. ¿Podrá la próxima generación prosperar en la Tierra? Una preocupación creciente que comparten y expresan millones de personas. ¿Qué ocurrirá si la humanidad no logra interrumpir el cambio climático, prevenir la guerra nuclear, controlar las máquinas autónomas de Inteligencia Artificial, impedir el agotamiento del agua y la superpoblación? No es una preocupación menor, sino una que expresan líderes emprendedores y 15 000

---

154. KOREN, M.: "Imagine Giving Birth in Space", *The Atlantic*, 02/06/2019, https://bit.ly/32rXxmd

155. *Cf.* https://bit.ly/34FCyhm

científicos de 184 países. La única manera de estar seguros, es prepararse para lo peor[156].

Invito al lector a visitar con más detalle la página web de la compañía, en la que se exponen los valores éticos que animan a sus fundadores. Por supuesto, en la narrativa destaca de inmediato el compromiso de garantizar una representatividad racial y étnica que responda a los estándares políticamente correctos que rigen en la actualidad (o regían, dado que ese fenómeno social ya comienza a dar signos de declinación). Por lo demás, la información que se proporciona es bastante oscura. No queda claro a qué «descendencia» se alude, ni quiénes serán los afortunados y afortunadas cuyas semillas den vueltas por el espacio «durante décadas». Podemos sospechar, aunque esto viene especificado de modo muy sutil, que existen distintas ofertas y programas, desde los más económicos (las cifras no se detallan) hasta los *prime* (que incluyen la asistencia al lanzamiento del cohete que pondrá en órbita el satélite con la «descendencia»). Se aclara todo el tiempo que el feliz, precavido (y presumiblemente millonario) que se apunte a esta tranquilizadora tecnología podrá monitorizar constantemente la posición del satélite y ver su trayectoria tanto en su teléfono móvil como en cualquier otro dispositivo de pantalla. Tampoco se especifica el destino de las semillas viajeras, tan solo la vaga y perogrullesca afirmación de que una futura colonización de otros planetas requerirá de seres que la pueblen.

Las reacciones de alarma, las objeciones y el escepticismo que el proyecto del parto espacial ha despertado en docenas de expertos en medicina,

---

156. *Ibíd.*

ingeniería, leyes internacionales y otras especialidades debido a los riesgos y dificultades que implica, es imposible de resumir. Por lo tanto, volvamos a la cita, cuyo contenido tiene toda clase de connotaciones interesantes. Dado que las estimaciones apocalípticas presumen el día final no antes de cien años, resulta sorprendente la pregunta sobre qué posibilidad de supervivencia tendrá «la próxima generación». ¿Esa próxima generación es la que nacerá en breve o dentro de un siglo? ¿Se insinúa que en verdad la catástrofe definitiva está ya a las puertas? El propio Edelbroek admite que los potenciales clientes más interesados son las comunidades de *preppers* (como se denomina en inglés a los individuos obsesionados con el fin del mundo y que se preparan para ello construyendo refugios atómicos en los que atesoran agua y comida), bastante adineradas todas ellas y a las que el ejecutivo ha visitado para promocionar su negocio empresarial.

Si lo que se pretende es infundir miedo, hay que admitir que el eslogan «La única manera de estar seguros es prepararse para lo peor» es realmente extraordinario. Podría servir como reclamo para una película de ciencia ficción de bajo presupuesto, aunque en realidad resulta perfectamente adecuado para cautivar la ingenuidad del espíritu americano, cuya desbordante fantasía le ha permitido a esa nación crear el asombroso y verdadero *melting pot*[157]: una incomparable mezcla de estupidez y genialidad.

Si el proyecto *SpaceLife* tiene el sospechoso aspecto de ser una estafa muy bien orquestada (incluso aunque las misiones espaciales y el parto lleguen a realizarse), es probable que consiga algunos de sus propósitos. Sacudir los terrores ancestrales y apocalípticos que el iluso proyecto ilustrado creyó erradicar (pero que

---

157. Trad.: crisol de culturas.

siguen y seguirán activos por siempre jamás) resulta actualmente mucho más sencillo que en las décadas anteriores, debido al renovado estado de precariedad existencial que el capitalismo ha promovido para medrar en su versión actualizada como nunca antes en su larga historia. Claro que en este caso no será Dios quien decida el Diluvio y dé las instrucciones a Noé sobre quiénes habrán de refugiarse en el arca. La selección «natural» se hará tomando en cuenta el saldo de las cuentas corrientes de los aspirantes a la trascendencia genética. Por si fuera poco, el dato de que la inspiración del proyecto le sobrevino a Egbert Edelbroek a partir de su notable interés por los temas de fecundidad, que lo llevaron a convertirse en un donante permanente de semen por motivos altruistas, completa el cuadro y nos devuelve una vez más a la compleja relación entre discurso tecnológico, ideología y psicosis.

Capítulo XVI

Los hombres las prefieren femeninas. Muchas mujeres también.

En la última semana de 2018 los mercados financieros sufrieron un *shock* cuando Tim Cook, CEO de Apple, anunció a sus accionistas una importante reducción en las expectativas de ingresos para el siguiente trimestre, que contrastaba con las estimaciones iniciales. Dado que Apple es una compañía que no ha cesado de crecer y cuyo valor es el más alto jamás alcanzado por una empresa, el comunicado produjo un maremoto. Parecía inimaginable que la curva ascendente de ventas (que en los últimos años se concentra fundamentalmente en los *iPhones*) pudiera encontrar un límite.

Los argumentos ofrecidos para explicar el posible descenso se apoyaron, sobre todo, en la desaceleración de la economía China, uno de los mayores mercados para los *iPhones*. Pero aunque este factor sea cierto, la razón más importante es otra: se está a punto de alcanzar un grado crítico de saturación en el plano del objeto. Los comentaristas de tecnología[158], (una rama de análisis muy desarrollada en los Estados Unidos) coinciden en señalar que los últimos modelos de *iPhone* no varían sustancialmente en cuanto a prestaciones. Una notable proporción de los consumidores empieza a conservar durante más tiempo sus teléfonos y no los sustituyen con la frecuencia que solían hacerlo.

No se trata simplemente de una cuestión económica. Lo fundamental es que la compañía lleva un tiempo sin lograr una verdadera innovación, una que sea lo suficientemente conmovedora como para emocionar a los clientes y obligarlos a rascarse los bolsillos o frotar sus tarjetas de crédito. El público *desea* algo *verdaderamente nuevo* y eso no está sucediendo. El sistema empieza a acusar los síntomas de su desesperada estructura.

«La repetición exige lo nuevo», observa Lacan[159], en tanto búsqueda imposible de una satisfacción inalcanzable y por ende siempre fallida. El objeto, promesa de esa satisfacción, es aquello con lo que el hombre piensa[160], de tal modo que conviene no olvidarlo a la hora de cuestionar y criticar la sociedad de consumo. No porque esa crítica carezca de fundamento, sino porque dicha sociedad consuma (y de ese modo se consume) una función esencial de la economía libidinal del sujeto, sin la cual no habría podido encontrar la sólida base de sustentación sobre la que descansa. El mundo clama por la novedad a la cual el mercado lo ha habituado. Exige una renovación de la promesa *tech* a un ritmo frenético que las compañías no logran mantener. Exhaustas,

---

158. *Cf*.BOGOST, I.: "Embracing Apple's Boring Future", *The Atlantic*, 04/06/2019, https://bit.ly/2WUKPLr/

159. LACAN, J.: *El Seminario de Jacques Lacan. Libro 11: Los cuatro conceptos fundamentales del psicoanálisis*, op. cit., p. 69.

160. *Ibíd.*, p. 70.

las empresas solo pueden sobrevivir y seguir a flote —incluso prosperar— siempre y cuando mantengan un grado de renovación constante, y es esa velocidad creadora la que resulta cada vez más difícil de sostener.

Víctima de su propia trampa, el sistema comienza a preguntarse cómo habrá de ingeniárselas para lograr que la magia del objeto siga viva. Una cámara más nítida, una mejora de la batería o del microprocesador ya no son suficientes, en especial cuando se añade el hecho de que no solo existe el *iPhone* sino muchos otros competidores, y que para colmo el *smartphone* como tal se ha vuelto un objeto demasiado corriente, demasiado conocido, demasiado integrado a nuestra vida cotidiana como para sorprendernos, del mismo modo que sucede con cualquier otro *partenaire* amoroso[161]. Nadie ha querido ver ni aceptar que el mercado puede en algún momento arribar a una coagulación que interrumpa el flujo permanente de dividendos. El funcionamiento insaciable del superyó encuentra su réplica en esta lógica inhumana a la que —en definitiva— todo el mundo se encuentra alienado. La inmensa fortuna personal de Tim Cook no lo exime de ser una pieza más (privilegiada, pero no por ello menos esclava) en la terrible y voraz maquinaria que mueve el sistema productivo.

Una rápida y desde luego no exhaustiva búsqueda en la literatura referida al uso preferente de voces femeninas como asistentes digitales arroja un resultado frustrante. Las explicaciones son diversas, pero la mayoría de ellas se apoyan en la idea de que se trata de un estereotipo que sitúa a las mujeres como las

---

161. Ian Bogost, analista de tecnología, propone la denominación «rectángulo» (que toma de una novela de Claire Donato) para referirse el smartphone cuya magia comienza a disolverse en el ácido de la costumbre. Véase, BOGOST, I.: "The iPhone Is Dead. Long Live the Rectangle", *The Atlantic*, 29/06/2017, https://bit.ly/2NrYKWv

más adecuadas para ocupar funciones de secretariado y cuidados en general. Los primeros teleoperadores, en la época en las que las comunicaciones telefónicas requerían una intermediación entre el emisor y el receptor de la llamada, fueron mujeres. Graham Bell contrató a una mujer llamada Emma Nutt para ocupar el puesto que hasta entonces desempeñaban los varones telegrafistas, trabajo en el que desde luego no necesitaban hablar. Bell consideraba que una mujer era mucho más educada y eficiente en la nueva tarea, al punto de que el puesto de teleoperadora se convirtió en una de los preferidos por las mujeres de esa época. Pese a todo, estos argumentos que recurren a los estereotipos ideológicos sobre el género son a su vez ellos mismos estereotipos ideológicos.

Aunque admitamos que desde el punto de vista sociológico esto puede tener alguna validez, no podemos quedarnos en esa superficie, como tampoco conformarnos con la explicación neuropsicológica de que el feto escucha la voz de su madre durante la gestación. Todos los estudios, encuestas e investigaciones realizadas sobre las preferencias de hombres y mujeres respecto del género de la voz en los sistemas de IA y asistencia digital arrojan resultados contradictorios, aunque parece existir cierta tendencia a elegir la voz femenina. Aunque Apple escogió inicialmente una voz femenina para su asistente *Siri*, más tarde incluyó la opción de cambiarla por una masculina, aunque la primera sigue siendo la que el sistema ofrece por defecto.

Algunas estadísticas sugieren que tanto hombres como mujeres son propensos a conservar la opción de la voz femenina. En la película *Her* de Spike Jonze se narra el apasionado enamoramiento de un hombre con la voz femenina de un sistema operativo inteligente. En la película, el rol «femenino» además de distinguirse del estereotipo de la mujer sumisa y dispuesta a consumar todos los deseos del hombre —el típico fantasma masculino— demuestra en todo momento superarlo en todos los terrenos, sin por ello perder un tremendo atractivo erótico incluso para el espectador de cualquier sexo u orientación sexual. Ella no es una mujer cualquiera. Es la Otra mujer. La razón principal radica en que la inteligencia del argumento consista en reducir la relación del hombre con una voz que carece de imagen corporal. Es precisamente esa ausencia lo que se constituye para ambos (hombre y voz) en la causa del deseo, aquello que lo mantiene en movimiento. Para narrar su historia, Jonze podría haber elegido un sistema audiovisual, con un avatar que el protagonista fabricase según sus deseos, algo perfectamente realizable en la época en la que la película fue filmada. Sin embargo, decidió que *Ella* fuese pura voz. Tal vez —aunque esta hipótesis exigirá muchos años para ser validada— es la asociación entre la voz femenina y la subyacente alteridad involucrada en los sistemas operativos lo que se descubra en la preferencia tanto de los ingenieros informáticos como de los usuarios. ¿Podría haberse filmado una versión *Him*, en el que una mujer cae rendida ante la seductora voz masculina de un asistente virtual? Seguramente.

Para muchas mujeres, la voz forma parte de los atributos eróticos más valorados en un hombre. El fetichismo de las mujeres incluye objetos que muchos hombres (obstinados en creer que para ellas el falo solo se encuentra en el lugar de siempre) desconocen o cuyo descubrimiento los deja perplejos. De hecho, la historia de la hipnosis da cuenta de la perfecta relación[162], que podía establecerse entre la

---

162. Que cesaba de no escribirse... diría Lacan.

histérica y la voz del hipnotizador. En el campo de la robótica, en cambio, el género masculino y femenino ocupan un estatuto semejante, puesto que el robot tiene un cuerpo (no más ni menos máquina que aquel que Descartes formulara). Cuando se añade la imagen corporal, la relación entre el sujeto y el Otro se difumina y la identificación se adueña del vínculo, con su correlato de ambivalencia, de amor y de agresividad. Pero en la voz, lo Otro adquiere su estatuto más poderoso. De allí que la mayoría de las iluminaciones referidas en la historia de las religiones se manifiesten mediante la irrupción de la voz del Otro. En el campo de la tecnología, la mística tiene un papel fundamental. Por esa razón, las formas modernas del milenarismo han encontrado un terreno sumamente propicio para labrar su discurso. Ya habremos de señalar el «reencantamiento del mundo» que ha supuesto la invención tecnológica moderna. Por ahora, nos limitamos a formular el interrogante de si una voz femenina no es acaso lo más adecuado para encarnar el elemento místico, sin el cual el triunfo universal de los aparatos no podría ser debidamente comprendido. Resulta mucho más sugerente pensar a *Siri*, *Alexa* o *Cortana* como pitonisas, teleoperadoras entre los humanos y los dioses digitales, que como secretarias al servicio del sistema patriarcal.

Aunque el elemento místico no ha estado ausente en la historia de la ciencia[163], el campo de las tecnologías es particularmente proclive a la estimulación de creencias y experiencias esotéricas. La sobreabundancia de investigadores implicados en el proyecto de fabricar una copia informática del cerebro humano y que profesan abiertamente ideas delirantes

---

163. Posiblemente el caso de Emanuel Swedenborg haya sido uno de los más interesantes para apreciar esta combinatoria entre pensamiento científico y experiencia mística.

es asombrosa. Tal vez debamos invertir el orden y considerar si no es necesaria una condición delirante previa para generar cierta clase de investigaciones. Un ejemplo podemos encontrarlo en la conversación mantenida entre el artista Sterling Crispin, quien sostiene la idea de un «Otro Tecnológico» (al que define como «un súper organismo viviente y global de todas las máquinas y *software*») y Russel Hanson, un investigador de Harvard que desarrolla métodos no agresivos de mapeo del cerebro humano con el propósito de crear un *backup* de la mente humana[164].

Un *conectoma* es el mapa de las conexiones neuronales del cerebro que podría replicarse y volcarse en un programa informático a fin de concebir una copia total de la mente de una persona. Aunque la mayoría de entusiastas admiten la dificultad y el largo camino que habría que recorrer aún para que esto pudiese lograrse, en casi todos ellos se aprecia el sentimiento de estar poseídos por una anticipación hipomaníaca del futuro.

¿Qué tal sería combinar o mezclar de alguna manera las copias cerebrales para crear personas híbridas? Se podrían mezclar distintas partes de cerebros para formar uno de alto rendimiento, o mezclar tu mente y la de tu pareja para formar un solo ser...

propone Sterling Crispin[165]. El fantasma demiúrgico no puede ser más explícito: la vida digital haciendo posible esa relación que no puede tener cabida en el inconsciente. Por su parte, Russel Hanson —como tantos otros implicados en proyectos de este tipo— está convencido de que un sujeto se reduce a un

---

164. Véase: https://bit.ly/2K0axsT. Debo a Florencia Shanahan la referencia a Sterling Crispin y su obra.
165. *Ibíd.*

número finito de datos y de sus combinatorias. Su concepción es más bien espinoziana:

> Desde un punto de vista más filosófico es interesante cómo un *backup* cerebral es un registro de lo que es una persona, algo bastante único. Eso es lo que llamamos un *backup* cerebral: lo que una persona es.

La concepción del ser hablante replicado en el absolutismo de los datos, privado de cuerpo y por ende de toda relación con el goce, es la realización de un fantasma de inmortalidad logrado paradójicamente a partir del sujeto en tanto muerto[166]. Esto podría servir para muchas cosas, añade Hanson, como por ejemplo «borrar cosas innecesarias de la mente» con el fin de lograr una «optimización del *self*»[167]. Crispin, por su parte, añade:

> [...] esa noción de optimización del *self* me resulta realmente interesante. Me fascina la cibernética, el hermetismo, el ocultismo, ciertas religiones y algunos sistemas de espiritualidad *new-age*, el modo en que todo ello se interrelaciona en términos de un yo fabricado mediante ingeniería[168].

De nuevo, tecnologías, metafísica, cientificismo y mística son los ingredientes de una pócima mágica que se anuncia con el respaldo mediático de grandes plataformas de comunicación.

---

166. En una etapa inicial —y aún bajo el influjo de la doctrina de Hegel— Lacan mismo teorizó el sujeto como «muerto» en el orden del lenguaje. La noción freudiana de libido no tardó en imponérsele como algo que requería una aproximación que no se agotara en el registro simbólico.
167. Véase: https://bit.ly/2K0axsT
168. *Ibíd.*

Capítulo XVII
El goce de ver nada también se paga

Las redes sociales se han convertido en poderosos vehículos de comunicación e información, así como su contrario: la incomunicación y la desinformación. Han moldeado una concepción enteramente nueva del sentido de la intimidad, al punto de que uno de sus mayores atractivos radica en su capacidad para ser soporte, medio y vehículo del goce voyeurista y exhibicionista.

La historia de Jovan Hill[169], es solamente un ejemplo, a la vez que una extraordinaria demostración, de los asombrosos cambios sociales que internet ha contribuido a dar forma. Oriundo de Texas, Jovan Hill, un joven americano negro y que se declara gay, se mudó a Brooklyn tras haber abandonado la universidad. Desempleado por decisión propia, Hill costea su vida, sus gastos y la renta de su apartamento gracias al aporte económico de un buen número de seguidores (tiene 75 000) que diariamente se asoman a su vida a través de *Periscope*, una aplicación de *streaming* que

---
169. VILENSKY, M.: "Live-Streaming Your Broke Self for Rent Money", *The New York Times*, 08/12/2018, https://nyti.ms/2PXAXPG

permite transmitir cualquier cosa que a uno le dé la gana, desde contenidos culturales, vistas callejeras, escenas de la propia vida cotidiana, o sencillamente nada. Todo comenzó para Jovan Hill el día en que comprendió que necesitaba 7 000 dólares con urgencia. Transmitió sus problemas financieros en un vídeo de siete minutos, utilizando la cámara de su iPhone, y al cabo de un rato su cuenta de PayPal comenzó a recibir donaciones, desde quienes le ingresaban 100 dólares hasta un modesto dólar, acompañado de un mensaje donde el donante calificaba a Jovan como «el rey desempleado». No solo logró recaudar en unas pocas horas más de lo que necesitaba, sino que sumando su presencia en Twitter, YouTube, Instagram y *Patreon* (una aplicación especialmente diseñada para que cualquiera pueda solicitar patronazgo para su proyecto personal[170] —en realidad un sistema de mendicidad digital—) ha logrado aumentar su audiencia a 200 000 seguidores, algunos de ellos seriamente identificados con su «causa», como Paige Wolfe (23 años), quien en su cuenta de Twitter comenta que «la única razón por la que me despierto y voy a trabajar todos los días es porque así puedo dar dinero para el alquiler de Jovan»[171]. Como ella, un gran número de fans de Hill contribuyen a cubrir sus 1 300 dólares de alquiler mensual, además de los gastos de vida diaria, que incluyen marihuana, ayuda para su madre, videojuegos y camisetas. Algunos de sus seguidores le preguntan por qué no busca un trabajo como la mayoría de las personas y él responde que atender a su comunidad virtual y abrirle diariamente

---

170. Véase: https://www.patreon.com
171. Véase: https://bit.ly/36JKVKH

las puertas de su intimidad constituye un auténtico trabajo, tan válido como cualquier otro[172].

Su argumento es probablemente sincero. Jovan Hill sufre un trastorno psicótico maníaco depresivo, aunque no toma medicación ni recibe al parecer ninguna clase de tratamiento psicoterapéutico. Su «empleo» de *streamer*, al que dedica varias horas al día retransmitiendo frente a la cámara de su *iPhone* un discurso completamente errático y vacío en el que se lo puede ver fumando marihuana, tumbado en la cama, o comiendo un Big Mac con patatas fritas, es su modo de fabricarse una vida. Como tantos otros semejantes a él, ha logrado mediante distintas aplicaciones incluidas en la categoría de «redes sociales» inventarse una existencia y un modo de subsistir bastante mejor que un gran número de trabajadores americanos.

Desde principios del 2000, muchas compañías de internet trataron infructuosamente de convertir el *streaming* de la vida privada en un negocio, pero por diferentes razones fracasaron. En cambio, ahora ha habido una suerte de renacimiento de la idea que se ha beneficiado de varios factores: los avances técnicos que mejoraron la calidad de las cámaras en los *smartphones* y la velocidad del *streaming*, así como la posibilidad de que el espectador pueda comunicarse mediante texto en tiempo real. Pero por sobre todo, como lo explica Ben Rubin, fundador de otra aplicación de *personal streaming* que está haciendo furor[173], en los últimos años la «cultura del *selfie*»

---

172. El caso de Jovan Hill cobró gran notoriedad, pero no es excepcional. En la actualidad miles de personas venden a través de internet el acceso a su intimidad, aunque esta no revista en apariencia nada absolutamente destacable.

173. NEATE, R.: "Interview Meerkat: 'Everyone has a story to tell', says founder of live-streaming app", *The Guardian*, 14/03/2015, https://bit.ly/32vYdqV

indica que los seres humanos se encuentran cada vez más cómodos y habituados a las cámaras. De hecho, tras el cuestionamiento e incluso la indignación inicial frente a los sistemas de videovigilancia, en la actualidad la gente parece haber incorporado la presencia *omnivoyeur* de los ojos mecánicos como parte de la vida corriente. Cabe añadir que tanto el pudor como el sentido de la privacidad —factores extremadamente sensibles al contexto social— se han modificado al extremo de que la alianza entre el interés del capitalismo de saber todo sobre nosotros y la satisfacción que el ser hablante encuentra en el par voyeurismo-exhibicionismo (ver y darse a ver) descrito por Freud en numerosos lugares de su obra, se ha consumado con gran éxito por ambas partes.

Es indudable que el narcisismo cumple aquí una función decisiva. La posibilidad de convertirse en el protagonista de una serie sin argumento alguno, que no requiere gastos de producción y que no solo permite lograr en muchos casos una considerable audiencia sino también un flujo de dinero, es algo demasiado tentador para el yo, en especial cuando a cientos de millones de personas les resulta cada vez más difícil sobrevivir bajo la amenaza de un discurso que los ha declarado potencialmente prescindibles. Para alguien como Jovan Hill, internet y las aplicaciones a las que se mantiene adherido no son meros instrumentos al servicio de la vanidad imaginaria. Constituyen un verdadero enganche que le permite remendar la falla estructural de sus identificaciones simbólicas. Arrastrado por el deslizamiento metonímico y el goce desenfrenado de *lalengua*, pudo reducir sus ingresos hospitalariosreducir sus gastos hospitalarios y sustituirlos por ingresos económicos gracias a esa comunidad que se materializa a través de *PayPal*.

Además del dinero, la mirada del Otro es tal vez para Jovan un soporte fundamental, lo que le da consistencia y sentido a una errancia que carece de historia y narrativa. Sus miles de espectadores y *sponsors* le han brindado la posibilidad de encontrar un escabel donde elevarse y hacer de su miseria psicótica una pequeña fortuna ordinaria que sirve para mucho más que pagar las facturas.

Para el psicoanálisis, estas virtudes de las nuevas tecnologías se han convertido en un material corriente que permite comprender formas extraordinarias de suplir la metáfora paterna. No obstante, no es este el aspecto que más nos interesa destacar. Para quien se da a ver, la mostración de su vida íntima cumple una función que eventualmente puede descifrarse y que posee un valor singular, en modo alguno generalizable. El verdadero enigma (uno que en cierto modo podemos aproximar al misterio del funcionamiento de las masas, pese a todo lo que Freud nos reveló al respecto) es que miles de personas dediquen tiempo y a veces dinero a mirar el interior de una vida totalmente anodina, en la que nada sucede, en la que aquello que se dice carece de todo contenido y propósito, una sucesión inconexa y fragmentaria de «tomas» que retratan la ausencia completa de sentido.

¿Cuál es la satisfacción puesta en juego del lado del espectador? Porque es importante tener en cuenta que la cortina que *Periscope* o *Meerkat* descorren no nos da un acceso a los avatares de la vida erótica de un desconocido. No es esa la clase de intimidad en la que uno puede introducir la cabeza, porque lo que se da a ver no tiene un carácter propiamente sexual. No estamos hablando de *Tinder* ni de *Tumblr*, ni de ninguna red social en la que el sexo ocupa un lugar primordial. Esta variante de la obscenidad, verdaderamente inédita en el pasado no muy lejano, nos da la posibilidad de ser testigos de otra cosa. ¿Cómo concebirla? Tal vez hemos alcanzado un estado de la civilización en el que, tras el espejismo de la realidad que ya no es otra que virtual y aumentada, nos vemos asaltados por la intuición de que nuestra propia absurdidad nos aguarda, latente, agazapada, presta a darnos el manotazo de la angustia. En el fondo, todos sentimos el horror y a la vez la fascinación de vernos reducidos a no ser más que un desecho, otro cuerpo que se desprende del sistema y cae como un peso muerto. A través de sus envolturas y atavíos imaginarios, comenzamos a percibir nuestra existencia, y lo que vemos se nos antoja aterradoramente vacío y solitario. Quizás por eso hacemos el experimento de asomarnos un poco a la estupidez de la vida de esos otros, incluso pagarles para que se presten a ser el espejo en el que anticipar y al mismo tiempo separarnos de aquello que finalmente somos.

Capítulo XVIII
Esa cosa inasible llamada sexo

La progresiva incursión del discurso tecnocientífico en el terreno de la subjetividad comenzó a partir de su alianza con la psicología cognitiva, sierva eficaz de los modelos diseñados para desentrañar las motivaciones de los consumidores a la hora de realizar sus compras, lo cual supone analizar los mecanismos de la «elección de objeto». Sin pretenderlo de entrada, los modelos matemáticos de análisis de la conducta comenzaron a internarse en terrenos que jamás habían explorado y que presentaban problemas difícilmente resolubles mediante la representabilidad algorítmica de lo real.

El primer obstáculo resultó ser el lenguaje y la dificultad para que la IA pudiese reproducir la propiedad metafórica de la palabra humana. Aunque se ha avanzado bastante en esa materia, los ingenieros y los lingüistas han apostado por una solución cuantitativa. Suponen que aumentando de manera superlativa el número de palabras y frases que alimentan un sistema de aprendizaje en IA, los ordenadores acabarán por comprender las metáforas, incluso aprenderán a emplearlas.

Resulta sorprendente cómo el nivel más sofisticado de la investigación técnica tropieza de nuevo con el más antiguo problema que supone el lenguaje humano, ese extraño demonio que jamás ha podido ser atrapado en las redes de lo universal, a pesar de todos los intentos que se han llevado a cabo a lo largo de la historia. El sueño de la razón parece no darse por vencido en este punto y, en un renovado intento, los investigadores apuestan a que los instrumentos técnicos lograrán por fin ese cometido. Sin embargo, el problema subsiste, puesto que las endiabladas complejidades de la significancia no pueden resolverse exclusivamente en el plano de esa misma significancia, ni tampoco mediante el recurso a un metalenguaje. Lacan necesitó varios años para desentrañar la misteriosa copulación del cuerpo y las palabras, una copulación que, al ser única en cada individuo de la especie humana, le da al lenguaje una «significación personal»[174], intransferible. La ley fundamental del malentendido como rectora de la comunicación tal como el psicoanálisis la aborda, no solo se funda en la equivocidad de la lengua, en sus múltiples resonancias semánticas. Más aún, se trata de lo que el significante le hace al cuerpo y lo que el cuerpo le replica al significante, la trama inconsciente que se cifra más allá o más acá del mensaje significativo que el emisor profiere.

Esa trama donde lengua y goce conjugan un dialecto único constituye el real inatrapable que solo puede ser «mediodicho» y nunca dicho del todo y para todos. Objeción del ser hablante a la pretensión hermenéutica de la IA, el asunto lleva

---

174. Aunque la bibliografía sobre este tema es amplísima, véase especialmente LACAN, J.: *El Seminario de Jacques Lacan. Libro 20: Aun, op. cit.*

aún más lejos puesto que, inevitablemente, los ingenieros, matemáticos y psicólogos cognitivos (la triple alianza tecnocientífica) no podían adentrarse en los mecanismos subjetivos sin tropezar con esa cosa inasible a la que llamamos sexo. Lo han hecho, como era de esperar, por la vía del género, aunque siguiendo su recorrido no es difícil arribar al agujero al que el psicoanálisis se asoma.

En un extenso informe titulado "I'd blush if I could" [Si pudiese me sonrojaría][175], la UNESCO alerta contra la preocupante desviación de género que se evidencia en el campo de las tecnologías. Como hemos mencionado, se trata por una parte del sesgo ideológico que consagra los estereotipos de género, evidentes en el empleo por defecto de voces femeninas en los dispositivos de asistencia virtual. Pero no solo se trata de la voz, sino también de que la programación de dichos dispositivos utiliza programas de IA y aprendizaje de formas lingüísticas en los que de manera manifiesta se aplican categorías imaginarias que no provienen de ninguna concepción «científica», sino del deseo de los ingenieros, cuya gran mayoría son hombres.

La enorme brecha de género en materia de programación informática (el número de mujeres en esa industria representa apenas un 20% del número total de trabajadores, una cifra que apenas ha variado en los últimos años) impone también una desviación (*bias*) que afecta al *software* en el que se apoya la estructura discursiva del asistente virtual. El título del informe es por sí mismo revelador. Fue escogido porque es una de las respuestas con las que *Siri*, la asistenta virtual de Apple, reacciona cuando se la interpela de manera sexualmente explícita, grosera, o insultante: «Si pudiese

---

175. Véase: https://bit.ly/33rGOkb

me sonrojaría». En efecto, no puede. No puede porque aunque real, su ser no es humano, sino el resultado de un ciframiento matemático. Para sonrojarse, Siri necesitaría un cuerpo, como desesperadamente lo busca el sistema operativo del que Theodore Twombly (el protagonista de la película *Her*) se ha enamorado. Incluso podría sonrojarse si fuese un androide, aunque tampoco lo es. Pero la impotencia de *Siri* no solo obedece a su imposibilidad fáctica. Los programadores habrían podido encontrar otras fórmulas, pero eligieron una respuesta que refleja la degradación de la vida erótica descubierta por Freud, una respuesta acorde con el fantasma masculino. Numerosos foros alertan contra la desviación sexista de la tecnología digital vocal[176] y exigen medidas correctoras. Se trata, sin duda, de un reclamo legítimo e indiscutible, pero ¿hasta qué punto la pulsión es educable?

Tropezamos aquí con un problema que no solo se transfiere a la IA, sino que revela la imposibilidad de concebir y crear una tecnología «asintomática», una en la que la perversión polimorfa del ser que habla quedase reducida al más absoluto silencio, o pudiese forcluirse sin dejar rastros. Desde luego, el carácter estructural del goce no puede ser jamás una coartada para justificar nada. Pero las campañas educativas, aunque necesarias, no resuelven la base del problema. La técnica adolece de aquello mismo que encontramos en el fondo primero y último de la ciencia: el deseo del científico, un deseo que nada quiere saber sobre su propia causa. Parafraseando a Lacan cuando se refiere al sujeto de la ciencia, podríamos decir que la técnica se caracteriza por su «no-éxito» a la hora de suturar la herida que el goce

---

176. *Cf.* https://bit.ly/2O2wDwf

abre en el ser hablante y que parece improbable pueda cerrarse alguna vez. Esa herida que conmemora el exilio de la relación sexual no cesa de no escribirse, aunque los metadatos se multipliquen al infinito y los instrumentos de la IA se introduzcan en los más íntimos rincones de la subjetividad.

Capítulo XIX
¿Cuánto cuesta mi objeto a[177]?

Como sabemos, el «precio justo» de un producto cambia constantemente en los portales de compra. Esos cambios no solo obedecen a una gestión puramente económica, sino que constituyen en sí mismos una suerte de experimento social: sirven para analizar los hábitos de consumo, las preferencias, y los límites en los que se mueve aquello que un sujeto está dispuesto a invertir para satisfacer su goce[178].

Los expertos que descifran los resultados de estos experimentos saben muy bien, dado que emplean para ello el asesoramiento de psicólogos especializados en teoría del comportamiento, que el terreno de la economía es uno de los más sensibles a las variaciones

---

177. El «objeto a», concepto que el propio Lacan propuso como su aporte más singular a la teoría freudiana, tiene en su enseñanza un desarrollo que impide una definición unívoca. Se refiere al hecho de que, más allá de que todo sujeto persigue un objeto imaginario del deseo, hay un objeto inconsciente que actúa como causa del deseo. El «objeto a» es un modo de indagar en aquello que opera como motor del deseo, más allá de los señuelos con los que pueda dejarse cautivar.

178. *Cf.* USSEM, J.: "How Online Shopping Makes Suckers of Us All", *The Atlantic*, 27/05/2017, https://bit.ly/2Nywsth

subjetivas. La gente no solo mide el valor adquisitivo de un objeto, sino que le otorga un valor inconsciente a una determinada transacción, de tal modo que su percepción de lo que paga fluctúa acorde con una serie de variables, una de las cuales (y no precisamente la menos importante) es el valor de goce que determinado objeto posee para cada uno[179].

Desde siempre, los comerciantes han sabido de manera intuitiva algo de todo esto. Por ejemplo, que ciertos productos como el pan, la leche y los huevos deben mantenerse razonablemente bajos, dado que los consumidores les prestan una gran atención, mientras que se pueden realizar variaciones en otros insumos a los que no se le otorga la misma importancia. Pero los procedimientos tradicionales de establecimiento de precios empleaban un método general y poco refinado. A partir de la capacidad de procesar un gigantesco número de datos fue posible crear sistemas que indaguen de forma particularizada, uno por uno, en el perfil que se construye en base a una traducción algorítmica de las modalidades de goce de un sujeto, modalidades que son a su vez el resultado de lo que el síntoma y el fantasma traman en el inconsciente. La diferencia radical producida por las tecnologías actuales respecto de las anteriores es la aproximación de la IA y los metadatos en los campos del goce. El hecho de que el psicoanálisis establezca un límite de imposibilidad a dicha traducción algorítmica,

---

[179]. Esto plantea un problema especialmente sensible en el terreno de la práctica analítica de orientación lacaniana, en la que los analistas no establecen un honorario único para todos los analizantes, sino que fluctúa acorde a una serie de variables entre las que no es menor aquella que constituye una interpretación para el sujeto: el goce que acepta ceder a la dinámica de la palabra. Sin duda, una verdadera reflexión sobre el dinero en la experiencia analítica —algo sobre lo que aún cae un extraño velo— debería considerar las implicaciones de cómo se establecen los precios de las sesiones, y por qué dichas fluctuaciones no funcionan del mismo modo que las plataformas de venta *on-line*.

que el real del ser hablante configure una *vacuola* infranqueable a la representación, no impide que los sistemas informáticos se perfeccionen hasta lograr conclusiones bastante ajustadas sobre el litoral en el que cada sujeto navega.

Pero hay algo más. Dado que los datos de un consumidor son poseídos por numerosas entidades rivales, cada acción vinculada a una transacción a punto de realizarse o que ya ha se ha producido, resuena de tal modo que muy pronto el usuario queda atrapado en una guerra de precios, un fuego cruzado de ofertas, recortes y sugerencias de compra. Esta guerra se beneficia de dos características subjetivas que son extraordinariamente funcionales al mercado. Por una parte, el carácter insatisfactorio del deseo humano, razón por la cual la rueda del consumo es muy difícil de detener. Por otra parte, lo que denominamos «deseo de no saber», que es también un rasgo paradigmático del ser hablante. Como lo dice Jerry Useem[180], en un artículo de opinión:

> [...] los consumidores realmente no quieren claridad. Están conformes con ser engañados y pagar más si pueden seguir creyendo que pagan menos; que tienen los instrumentos y la agilidad para encontrar gangas insuperables solo para ellos.

Una vez más, la aguda clarividencia sobre la servidumbre voluntaria descrita por Étienne de la Boétie en su célebre ensayo[181], demuestra poseer una vigencia inagotable, y que no solo es aplicable al terreno de las decisiones políticas.

---

180. *Cf.* USSEM, J.: "How Online Shopping Makes Suckers of Us All", *op. cit.*
181. BOÉTIE, E.: *Discurso sobre la servidumbre voluntaria*, Barcelona, Ed. Virus, 2016.

Capítulo XX

Triunfo de la mirada, derrota de la oscuridad

Los occidentales, siempre al acecho del progreso, se agitan sin cesar persiguiendo una condición mejor a la actual. Buscan siempre más claridad y se las han arreglado para pasar de la vela a la lámpara de petróleo, del petróleo a la luz de gas, del gas a la luz eléctrica, hasta acabar con el menor resquicio, con el último refugio de la sombra...

escribe Junichiro Tanizaki en su ensayo *Elogio de la sombra*[182]. Con magnífica sutileza, el escritor condensa en esta breve frase la esencia de la modernidad, en la que la noción de progreso se aúna íntimamente a la de la iluminación. La Ilustración, que de la mano de la cosmovisión científica se propuso como la más férrea emancipación de las fuerzas oscuras que sujetaban al hombre, ha demostrado que su proyecto puede favorecer el retorno de los fantasmas de los que pretendía liberarnos. En la actualidad, la perversa

---
182. TANIZAKI, J.: *Elogio de la sombra*, Madrid, Ediciones Siruela, 1994, p. 72.

noción de *transparencia*, inseparable de la concepción de la memoria computacional, obliga a interrogarnos sobre la función de la ausencia, del agujero y de lo real como inaccesible a la representación, a fin de establecer una advertencia responsable sobre las consecuencias de las tecnologías en la vida de las personas.

Es ya un clamor que insiste desde distintas perspectivas que la privacidad se encuentra peligrosamente amenazada. Como ya lo hemos señalado, la progresiva extinción de la privacidad es el resultado de una acción coordinada entre los intereses de las grandes corporaciones, los poderes públicos y la voluntaria cesión de porciones cada vez mayores de la intimidad por parte de los ciudadanos, cautivos en la seducción perfectamente calculada de los dispositivos técnicos. A pesar de la insistencia en denunciar las consecuencias nefastas que el almacenamiento y proceso de metadatos puede tener (y tiene) en nuestro destino, la digitalización del mundo ha generado una alienación de la cual resulta muy difícil escapar. De allí que el panóptico en el que nos hemos encerrado a nosotros mismos se construya con nuestra cooperación, más o menos ingenua, más o menos voluntaria según los casos. En la actualidad, existen dos grandes aspectos en los que es preciso detenerse: por una parte, la construcción de archivos de datos de cada uno de los ciudadanos, y no solo de aquellos a los que por alguna razón justificada sea preciso estudiar, y por otra lo que supone la propagación imparable de los sistemas de reconocimiento facial (RF), una tecnología que puede convertirse en un atentado irreversible contra los valores del sistema democrático, que como sabemos no está escrito en el libro de la eternidad.

Son los propios expertos en la creación de los avances

tecnológicos quienes en los últimos años comienzan a reclamar la importancia de una regulación por parte de los gobiernos, así como la imperiosa necesidad de un debate interdisciplinario permanente sobre el desarrollo y empleo responsable e informado de las tecnologías. Al mismo tiempo, el llamado urgente a una instancia legisladora reaviva el antiguo problema de hasta qué punto la investigación científica y técnica debe ser vigilada y sometida a controles y restricciones. Si tomamos el ejemplo de los desarrollos en materia de ingeniería genética, resulta bastante evidente que tras las primeras reacciones críticas y amenazas de prohibiciones o importantes restricciones, los experimentos supuestamente cuestionados acaban por adquirir su normalización. Lo que hace unas décadas era considerado inadmisible desde el punto de vista del discurso social, hoy carece de toda trascendencia y es juzgado como un procedimiento estándar. Incluso la Iglesia, tradicional censora de todas las innovaciones, ha relajado su crítica hacia las nuevas tecnologías, incluyendo las que poseen una incidencia directa en aquello de la vida que se consideraba patrimonio sagrado. A la vez, el problema de la regulación es altamente complejo. El liberalismo irrestricto entraña una peligrosa deriva y al mismo tiempo resulta muy difícil establecer los límites de las investigaciones. ¿Cuál es la autoridad legítima que puede poner freno? ¿Son los Estados? ¿La voluntad de las propias corporaciones? ¿Tienen acaso los ciudadanos la posibilidad de actuar o incidir en el terreno de la tecnociencia? ¿Hasta qué punto los desarrolladores de sistemas tecnológicos están capacitados y/o dispuestos a saber algo sobre la causa de su deseo? Una causa que suponemos tan inconsciente como la de cualquier deseo, a menos que caigamos en la banalidad de suponer que lo único que los mueve es la ambición económica.

En los últimos años, voces de ingenieros que han jugado un papel decisivo en la creación de las tecnologías que han cambiado la conformación del mundo en que vivimos, expresan una suerte de constricción moral, de arrepentimiento por haber contribuido a generar algo que consideran ha escapado a todo control. Más allá del análisis que podamos hacer sobre la autenticidad y el propósito de esas confesiones públicas, lo cierto es que estas expresiones, sumadas al creciente debate sobre la dirección hacia la que nos encaminamos, dan prueba de que las tecnologías —todas ellas en su conjunto— poseen un estatuto que es por sí mismo sintomático y está muy lejos de representar la solución universal a todos los problemas humanos. Como la quimioterapia, sus beneficios no están exentos de efectos secundarios y en ocasiones primarios. Si esto no es aún más abundantemente discutido en el seno de la opinión pública, es debido a la combinación de al menos dos factores. En primer lugar, el hecho de que la «alienación digital», esto es, la imposibilidad subjetiva de percibir el alcance y significado de nuestra relación con los dispositivos (más allá de la fascinación o adicción que nos producen) no puede resolverse mediante campañas de información. En segundo lugar, el efecto anestésico que los sujetos experimentan al ser sometidos diariamente a un número indeterminado de *inputs* de información mediante el sistema *push up*, las incesantes ventanas emergentes de las páginas *webs*, y otras tantas técnicas de influencia que saturan la capacidad de análisis y procesamiento de los estímulos, convirtiéndose en una suerte de ruido de fondo, de flujo hipnótico en el que la conciencia naufraga.

Resulta difícil distinguir si la globalización es el resultado de la expansión tecnocientífica o lo contrario. Tal vez lo más adecuado sea asumir que se trata de una sinergia que ha ido creando un orden cerrado del cual es cada vez más imposible escapar. El sentimiento de que el círculo se estrecha, de que somos vistos y oídos desde todas partes, ha dejado de ser un patrimonio de la vivencia paranoica para convertirse en un estado sistémico.

El «consentimiento informado» junto con la ley de protección de datos que la Unión Europea ha introducido como normativa reguladora en el uso de internet[183], es en verdad una medida que no ha cambiado nada. A los fines prácticos, la progresiva dependencia de la vida individual, social, institucional, empresarial y política de la web vuelve prácticamente inútil toda tentativa de someter a un control el rastreo, minería y procesamiento de datos de la práctica totalidad de los habitantes del planeta[184]. ¿Acaso estamos en posición de negar nuestro consentimiento, cuando prácticamente resulta imposible vivir por por fuera del mundo virtual, so pena de convertirnos en un desecho social o en un sospechoso? La direccionalidad en el empleo de internet se ha invertido por completo: los motores de búsqueda comenzaron siendo una herramienta al servicio del usuario y acabaron por convertir al usuario en su servidor, vampirizado por un sistema de extracción constante de datos.

Si hasta hace muy poco la voz era el actor principal en el mundo de la IA, el RF lo ha destronado por completo. Sus implicaciones, sus consecuencias, sus

---

183. Véase: https://bit.ly/33uUHhu

184. A diferencia de Europa, los Estados Unidos no tienen una regulación consensuada a nivel federal. Cada estado ha adoptado una legislación parcial, derivada de la Privacy Act del año 1974, una época en la que internet aún estaba lejos. Véase: https://bit.ly/36HzX8r

riesgos, son de una envergadura tal que se lo compara con el plutonio, el elemento más destructivo que se ha inventado jamás[185]. La metáfora tiene su importancia, tal como lo afirma Luke Stark, investigador en Canadá y EE. UU. sobre temas de ética en IA:

> Mediante la analogía entre el RF y el plutonio, quiero añadir dos puntos importantes al creciente y vivo debate sobre los riesgos de las tecnologías de RF. En primer lugar, las tecnologías de RF, en virtud del modo en que funcionan desde el punto de vista técnico, tienen fallos insuperables vinculados a la forma en la que esquematizan los rostros humanos. Estos fallos crean y refuerzan categorizaciones desacreditadas acerca del género y la raza, con efectos socialmente tóxicos. En segundo lugar, a la luz de estos fallos esenciales, los riesgos de estas tecnologías superan por completo a sus beneficios, de tal manera que recuerdan los peligros de las tecnologías nucleares[186].

Nos estamos refiriendo a una tecnología que se apropia de uno de los elementos esenciales de la identidad humana: la imagen del rostro. Guido Boggiani (1861-1901) fue un pintor y fotógrafo italiano que estudió y fotografió varias tribus indígenas del Gran Chaco, una región que comprende parte de Argentina y Paraguay. Realizó alrededor de 500 fotografías que han quedado para la posteridad, pero pagó un caro precio por ello: los indios lo mataron y enterraron junto con su cámara. Estaban convencidos de que todos sus males se debían a la acción maléfica de aquel brujo y su aparato mágico, ladrón de almas.

---
185. STARK, L.: *Facial Recognition is the Plutonium of AI,* accesible en: ttps://bit.ly/2pPXraL

186. STARK, L.: *Facial Recognition is the Plutonium of AI, op. cit.*

Un siglo más tarde, la creencia indígena cobra una vigencia renovada. La tecnología del RF constituye la mayor apropiación de la intimidad de un sujeto que jamás se halla inventado hasta el presente. Definirla como «robo del alma» es mucho más que una metáfora. ¿Qué es el rostro? ¿Qué función cumple en la construcción del imaginario del ser hablante? La dinámica del reconocimiento de la propia imagen, estudiada por Lacan a partir de su concepto del est*adio del espejo*[187], tiene su antecedente en el poder de atracción que sobre el niño muy pequeño ejerce la visión del rostro de un semejante. Símbolo de la presencia, el rostro del semejante posee un doble valor. Por una parte, se trata de una presencia que satisface mucho más que las necesidades de la vida. Es el primer punto de anclaje que rescata al sujeto de su desamparo inaugural y anticipa la función simbólica del Nombre del Padre. Pero por otra, tal como Freud lo postuló en su *Proyecto*[188], la subjetivación del semejante implica al mismo tiempo la constitución de un núcleo irrepresentable que conecta con lo indecidible del deseo del Otro. Ese elemento opaco en la representación del semejante es la vía que abre a lo no reconocido, y que tiene su modelo primario en la experiencia infantil de angustia ante la aparición de un rostro extraño en el lugar del rostro familiar.

La visión del rostro y la posterior experiencia de la imagen especular como constitutiva del yo, velan el reverso de la posición más primitiva del niño: la de ser objeto de la mirada y del goce del Otro. En una

---

187. La bibliografía sobre dicho concepto es sumamente extensa. Desde luego, el ensayo de Jacques Lacan: «El estadio del espejo como formador de la función del yo tal como se nos revela en la experiencia psicoanalítica», es el punto de partida fundamental véase en *Escritos 1*, Madrid, Siglo XXI Editores, pp. 99-107.

188. FREUD, S.: «Proyecto de una psicología para neurólogos», *Obras completas*, vol. I, Madrid, Biblioteca Nueva, 1976.

contribución decisiva sobre la función de la imagen[189], Jacques-Alain Miller acentúa la importancia de la intensa libidinización del campo visual proyectada por el bebé. No sabemos hasta qué punto el sujeto es capaz de percibir en esta etapa que él constituye también una imagen para el otro, pero es posible observar los signos de la experiencia gozosa que implica ser el «juguete erótico de la madre», según la conocida expresión de Freud en sus *Tres ensayos para una teoría sexual*. Ser objeto de la mirada, de la manipulación del cuerpo y del discurso del Otro, constituyen el nudo de aquello que Freud postuló como «represión primaria», donde se instala «el representante de la representación que falta», según la traducción que Lacan utiliza para referirse a la *Vorstellungräpresentanz*. El reconocimiento de la imagen especular se emplaza a partir de esa pérdida, esa sustracción que regulariza el goce del cuerpo y alrededor de la cual la identificación instituyente del yo puede instalarse. El valor fundamental del reconocimiento de la propia imagen (que tiene siempre un estatuto vacilante) está determinado por esa pérdida y su realización fallida puede explicarnos la diferencia entre la asunción jubilosa de la experiencia especular y la exaltación narcisista megalomaníaca.

Al estar enraizada en la represión primaria, la imagen especular se convierte en la única representación posible del sujeto, que no puede verse a sí mismo salvo en el espejismo de su yo. Se comprende que la mirada del Otro, encarnada en esa pequeña «máquina de influencia» de los fotógrafos, pudiera despertar en la sensibilidad de ciertas culturas el sentimiento persecutorio de apropiación del alma. Lo paradójico es que las creencias indígenas encuentren en la actualidad

---
189. MILLER, J.-A.: «L'image du corps en psychoanalyse», en https://bit.ly/32w3Fdn

un inesperado respaldo en la creciente alarma suscitada por la tecnología de RF. Tanto Microsoft como Amazon, los desarrolladores más importantes en Occidente, abogan por una regulación del uso, pero algunos expertos en legislación consideran que detrás de la aparente intención ética se esconde una estratagema legal[190], no demasiado sofisticada: consiste simplemente en asumir una regulación mínima que en la práctica carece de toda consecuencia. La mejor prueba de ello es que *Sense Time* y *Megvii*, las dos compañías chinas que venden sus servicios de IA al Partido Comunista Chino para la vigilancia de los ciudadanos, opositores y minorías étnicas, se muestran encantadas y totalmente disponibles para colaborar con los controles legales. Todos los que hagan falta, habida cuenta de que no se cumplirá ninguno[191].

Más allá de las supuestas y posibles ventajas con las que dicha tecnología se promociona (seguimiento de redes de tráfico humano, localización de personas desaparecidas, etc.) lo cierto es que el empleo con fines policiales y de control político convierte a estas herramientas en un arma temible que puede empalidecer todo aquello que Orwell imaginó en su célebre distopía.

«El reconocimiento facial es la herramienta perfecta para la opresión», afirman Woodrow Hartzog y Evan Selinger en un análisis sobre el tema[192]. Su posición es absolutamente radical. Antes de que sea demasiado tarde y el sistema de RF se haya apoderado por entero

---

190. FUSSELL, S.: "The Strange Politics of Facial Recognition", *The Atlantic*, 28/06/2019, https://bit.ly/36BqhMy

191. MAC, R.; ADAMS, R. y RAJAGOPALAN, M.: "US Universities And Retirees Are Funding The Technology Behind China's Surveillance State", *BuzzFeed.News*, 05/06/2019, https://bit.ly/2WRpliI

192. *Cf.* HARTZOG, W. y SELINGER, E.: "Facial Recognition Is the Perfect Tool for Oppression", *Medium*, 02/08/2019, https://bit.ly/2K12JHr

de nuestra vida y nuestra civilización, es preciso su definitiva prohibición. «Es la pieza que faltaba en la ya peligrosa infraestructura de vigilancia», escriben de manera radical.

La visión cataclísmica de sus augurios, así como una cierta dosis de ingenuidad al creer que una prohibición de tales características podría tener cabida, no impiden que su reflexión incida en algunos puntos fundamentales. Entre los peligros que enumeran, el primero de ellos (señalado de forma coincidente por innumerables expertos en el diseño de sistemas de IA) es el impacto desproporcionado del RF sobre la población de raza negra, tanto por motivos estrictamente técnicos (el sistema produce un número mucho mayor de falsos positivos en personas de piel oscura) como por el hecho de que la ratio de antecedentes policiales en dicha población es mucho mayor que en los individuos de raza blanca. A la hora de comprender esto último, es necesario tener presente que la presunción de inocencia está gravemente desviada cuando se trata de gente de color, y que una detención que se resuelve sin cargo alguno deja no obstante una huella en las bases de datos policiales que pervive para siempre, de tal modo que cada vez que los sistemas de RF realizan una búsqueda, los rostros de personas de color sobre los que no pesa ninguna acusación ni condena serán vueltos a revisar por el mero hecho de que sus datos son imborrables. Por lo tanto, las probabilidades de un falso emparejamiento entre fotografía, identidad equivocada y perfil de datos gravitará para siempre sobre toda persona que haya sido detenida y posteriormente liberada sin cargos. A dicho peligro se le añaden la desprotección frente a los usos de los gobiernos para el control político de la disidencia, la amplificación desmesurada del capitalismo de vigilancia, la sofocación de las libertades individuales bajo la amenaza implacable del cumplimiento de la ley, y la progresiva eliminación de la *oscuridad*.

Expuesta por estos mismos autores Hartzog y Selinger, la teoría de la oscuridad[193], resulta de enorme utilidad para pensar los problemas actuales generados a partir de la vulnerabilidad irrestricta de la vida privada y sus consecuencias sobre las personas. Dicha teoría pone el énfasis en la imposibilidad de escapar del panóptico creado por la suma de billones de datos imperecederos, negociados e intercambiados por innumerables agentes públicos y privados a espaldas de los ciudadanos, quienes desconocen el destino de esa información, el modo en que será manipulada, y desde luego no tienen medios para exigir que se les restituya el anonimato digital. La teoría de la oscuridad plantea que «la información es segura —al menos hasta cierto grado— cuando es difícil de obtener o de comprender»[194].

La tecnología de RF es corrosiva para la oscuridad, en la medida en que existe una gran diferencia entre el hecho de que el Otro pueda saber lo que se dice, y saber *quién* lo dice. La pérdida de oscuridad es uno de los síntomas más graves creados por las tecnologías, muchas de ellas pensadas en sus orígenes para un objetivo diametralmente opuesto. Las cámaras de vídeo activadas de forma remota que lleva la policía estadounidense en sus uniformes tenían como propósito mantener un control sobre los abusos de los agentes. Esa tecnología, actualmente conectada, a una descomunal base de datos, se ha convertido en un método para el control de la población. Ya no es

---

193. *Cf.* HARTZOG, W. y SELINGER, E.: "Obscurity and Privacy", 23/05/2014, https://bit.ly/34x3Sye

194. *Ibíd.*

necesario ser un sospechoso. Basta con que alguien esté en el objetivo de la cámara para que automáticamente quede identificado y pase a formar parte del archivo biométrico que, para colmo, no solo es propiedad de las agencias gubernamentales, sino que es compartido con todo tipo de instancias privadas, la mayoría de las cuales carece de toda legitimidad y regulación. El concepto de oscuridad entra en franca colusión con el de transparencia, un valor que en los últimos años ha sido falsamente difundido como uno de los pilares de la democracia.

Ahora comenzamos a comprender que el discurso neoliberal hizo de la transparencia un instrumento al servicio de sus intereses. La transparencia, que en sus inicios fue concebida como un límite a la impunidad del Otro, acabó siendo lo contrario: ha convertido al sujeto en un objeto de geolocalización, rastreo, seguimiento y manipulación. En suma, la transparencia es en la actualidad un arma temible, que atenta contra los derechos de la subjetividad. La transparencia es uno de los mayores enemigos del sujeto del inconsciente, quien requiere de la oscuridad para sobrevivir. La transparencia ha desposeído a la mayoría de la población del planeta de una de las características esenciales de la vida humana: el anonimato, la posibilidad de elegir no ser reconocido. La transparencia, del mismo modo que sucede en ciertos fenómenos de la esquizofrenia, reduce a los sujetos al estatuto de objetos del goce del Otro. La transparencia forma parte de una deliberada operación cuyo objetivo es ejercer una presión cada vez mayor e inevitable a compartir información en las redes sociales, que a su vez pueden ser monitorizadas por las agencias de vigilancia policial, contrainsurgencia y espionaje político-militar. La transparencia va unida a una mayor facilidad con la que se puede acceder a la infoesfera. La seguridad de un repositorio de datos es directamente proporcional al esfuerzo necesario para su ingreso y dicho esfuerzo ya no depende solo de la habilidad técnica de los especialistas: cualquier usuario corriente puede ingresar en sitios que contienen información importante de toda clase y con la que se consigue «construir» el perfil de innumerables personas. A medida que el mundo real va desapareciendo para incorporarse a la virtualidad digital, aumenta el empuje a la verificación de identidad. La teoría de la oscuridad también contempla la progresiva desaparición de seres humanos en el procesamiento de los datos, que pasan a depender cada vez más de la automatización dirigida por la IA.

Otro de los grandes problemas planteados por la teoría de la oscuridad es el hecho de que la mayoría de los sistemas de RF se emplean desde hace varios años sin haber sido previamente sometidos a pruebas rigurosas. El impacto que los fallos suponen en la vida real cuando son entregados y manipulados por las fuerzas encargadas del cumplimiento de la ley puede tener consecuencias muy graves y difíciles de revertir.

La grave desviación del sistema de RF a la hora de identificar personas de raza negra es el resultado de una serie de factores que se combinan de forma perniciosa. Por una parte, el sistema es mucho menos preciso a la hora de reconocer individuos con tonos de piel oscura y errores imprevistos aumentan aún más cuando se trata de mujeres. Esta dificultad, pese a los problemas que puede causar, es en definitiva la menos importante, puesto que los fallos técnicos tienen altas probabilidades de resolverse mediante el perfeccionamiento de los algoritmos[195].

Mucho más preocupante es la desviación que obedece a otras circunstancias que no dependen de la tecnología en sí misma, sino de la manera en que es utilizada y de los operadores que la manipulan. Cada fotografía, con independencia de que sea útil o no, permanece definitivamente en la base de datos. Uno de los requerimientos solicitados por numerosas organizaciones de derechos humanos y figuras de gran importancia en el mundo de la política, es que esas bases de datos sean periódicamente vaciadas de toda aquella información que no posea valor alguno desde el punto de vista judicial. La alarma es incluso mayor si se tiene en cuenta que las agencias gubernamentales trabajan con empresas privadas, por lo que la circulación, venta y utilización de datos no posee ninguna clase de control y es empleada para cualquier uso. Hasta el momento tanto el FBI como los distintos organismos implicados en la vigilancia de la ley han hecho caso omiso a estas solicitudes y mantienen un estricto secreto sobre sus modos de actuación. Por su parte, las corporaciones privadas que comparten estos datos se niegan de manera rotunda a proporcionar información acerca de sus procedimientos ni a someterse a los controles supuestamente obligatorios. La policía británica, por otro lado, admite que emplea un sistema cuyo promedio de fallos es del 81%[196], mientras que esa estadística es mucho más borrosa en los Estados Unidos. Aunque los problemas técnicos habrán de

---

195. No obstante, resulta asombroso comprobar que hasta el momento no existe una explicación consensuada de este fallo técnico. Los argumentos son variados e incluso en ocasiones contradictorios.

196. ENGLAND, R.: "UK police's facial recognition system has an 81 percent error rate", *Engadget*, 07/04/2019, https://engt.co/2WZYaT2

superarse y se logrará en breve un 99% de fiabilidad, no es exactamente eso lo esencial de la discusión que nos interesa.

Lo que está en juego no es la imprecisión propia de cualquier tecnología relativamente nueva, sino su existencia misma, los fines a los que puede aplicarse, entre los cuales el seguimiento y control político no es el menor de los posibles. Es un error considerar que la «trazabilidad» de los sujetos y la vigilancia de sus acciones solo afecta a los que se sitúan al margen de la ley, o a quienes viven en regímenes totalitarios. Los medios de prensa llenan páginas enteras en las que se informa del autoritarismo chino que ahoga la libertad de expresión y somete a un severo control a las minorías étnicas y también a sus ciudadanos en general, cuando en verdad las cosas no son mucho mejores en las supuestas democracias, donde mediante fotografías obtenidas con drones se identifican a manifestantes durante una protesta.

De acuerdo con el informe realizado en 2013 por el inspector general de la NSA [National Security Agency], trabajadores de dicho organismo habían utilizado registros de vigilancia para espiar la vida íntima y sexual de mujeres y hombres pertenecientes al cuerpo. Otros informes ulteriores revelaron que oficiales de policía hicieron un uso fraudulento de los archivos para centrarse en el acoso de mujeres con las que habían mantenido contacto, o averiguar los domicilios de aquellas por las que se sentían atraídos[197]. Todo debate acerca de la IA no puede, en ningún caso, dejar de lado que el «factor sujeto» es ineliminable, y con ello nos referimos al hecho de que no existe ni existirá jamás tecnología alguna que

---

197. *Cf.* GURMAN, S.: "AP: Across US, police officers abuse confidential databases", *Apnews*, 26/09/2019, https://bit.ly/2Q1TNVQ

pueda negativizar la sustancia gozante, intraducible a los algoritmos.

Es preciso avanzar un poco más en este tema a fin de comprender las razones por las que la tecnología de RF suscita una controversia que supera la intensidad de los debates generados por la ingeniería genética. Para ello debemos adentrarnos en un aspecto esencial que hasta ahora no hemos tratado. ¿Cómo funciona la tecnología de RF? ¿En qué consiste el proceso? En la medida que indudablemente está en juego el campo escópico, uno de los que más ha estudiado el psicoanálisis[198], resulta indispensable percibir el punto preciso donde se produce el ensamblaje entre dicho proceso y el sujeto que habrá de ser alcanzado por la omnipotencia de la mirada.

El sistema RF utiliza una serie de algoritmos destinados a capturar una serie de rasgos distintivos y específicos del rostro de una persona. Uno de los principales es el establecimiento de la posición de los ojos en el contorno de la cara y la exacta distancia entre ambos. Una vez que dichas marcas se han establecido, se produce un nuevo volcado matemático de esa información, que habrá de almacenarse en una base de datos y eventualmente comparada con otras fotografías que han sido previamente procesadas. Este volcado matemático se conoce como «plantilla facial». La plantilla facial no es una fotografía. Es la transformación de lo imaginario en trazos significantes que conforman una diferencia absoluta. Por lo tanto, lo esencial de la tecnología de RF es el procedimiento mediante el cual lo imaginario es forcluido en beneficio de una composición algorítmica. Somos mirados, pero por una mirada que en verdad no ve absolutamente nada y ante la cual nuestra representación especular

---

[198]. Véase: WAJCMAN, G.: *El ojo absoluto*, Buenos Aires, Ediciones Manantial, 2011. una obra decisiva para el estudio sobre el tema.

se ha desvanecido por completo. Contrariamente a lo que creemos, y más allá de la ilusión que las pantallas proyectan como análogo al «dar a ver» — rasgo esencial del sueño—[199], la mirada carece de toda propiedad imaginaria. No existe nada imaginario en el pixel, la unidad matemática en la que se fragmenta la fotografía digital. La omnivisión que rige el sistema de RF se corresponde con una mirada ciega, que paradójicamente solo es capaz de ver al sujeto cuando este se encuentra reducido a su función de mancha, aquella que constituye una alteración del cuadro del que formamos parte incluso sin saberlo. Recientemente, y gracias a la encomiable labor del periodismo de investigación, se ha sabido que, al menos en los Estados Unidos, absolutamente todas las bases de datos de fotografías digitales de los ciudadanos legales e ilegales del país ha pasado a formar parte de la base de datos de sujetos sometidos a control judicial por delitos o crímenes cometidos[200]. Los «falsos positivos», fotografías que introducen el factor «tíquico»[201], (la emergencia de un real, en este caso provocado por una desviación técnica imposible de anticipar) reducen al sujeto a su función de mancha, es decir, a lo que se introduce como interferencia en la omnivisión.

En el campo escópico la mirada está afuera, soy mirado, es decir, soy cuadro. Esta función se encuentra en lo más íntimo de la institución del

---

199. LACAN, J.: *El Seminario de Jacques Lacan. Libro 11: Los cuatro conceptos fundamentales del psicoanálisis, op. cit,* p. 83.

200. FUSSELL, S.: "ICE and the Ever-Widening Surveillance Dragnet", *The Atlantic*, 10/07/2019, https://bit.ly/2NKN3ck

201. LACAN, J.: *El Seminario de Jacques Lacan. Libro 11: Los cuatro conceptos fundamentales del psicoanálisis, op. cit,* p. 85 : «…el punto tíquico en la función escópica se encuentra a nivel de lo que llamo la mancha».

sujeto en lo visible. En lo visible, la mirada que está afuera me determina intrínsecamente. Por la mirada entro en la luz, y de la mirada recibo su efecto. De ello resulta que la mirada es el instrumento por el cual se encarna la luz y por el cual —si me permiten utilizar una palabra, como lo suelo hacer, descomponiéndola— soy *foto-grafiado*[202].

La tecnología de RF (perteneciente a esa *aletosfera* que con inusitada anticipación Lacan vislumbró)[203]. introduce la mirada en lo real. «La mirada que encuentro (...) es, no una mirada vista, sino una mirada *imaginada* por mí en el campo del Otro»[204]. No se trata ya de la mirada imaginada, sino de la presencia invisible de un ojo matemáticamente estructurado y multiplicado de forma exponencial, presencia ignorada para el sujeto pero que recibe de ella una determinación cuyos efectos pueden ser incalculables.

Adam Harvey es un diseñador americano establecido en Berlín, especializado en temas de visión computarizada, vigilancia y privacidad. Ha creado una serie de patrones artísticos denominados *CV Dazzle* [Computer Vision Dazzle][205], con el propósito de servir de camuflaje frente a los sistemas de RF. Su idea está inspirada en el método empleado por los aliados para disimular la presencia de sus barcos en el mar. Dado que los algoritmos de RF se apoyan fundamentalmente en la captura de un determinado número de rasgos de simetría, los diseños creados por

---

202. *Ibíd.*, p. 113.
203. Véase: LACAN, J.: *El Seminario de Jacques Lacan. Libro 17: El reverso del psicoanálisis, op. cit.*
204. LACAN, J.: *El Seminario de Jacques Lacan. Libro 11: Los cuatro conceptos fundamentales del psicoanálisis, op. cit*, p. 91. Las cursivas son del autor.
205. Véase: https://cvdazzle.com/ El término inglés *dazzle* puede traducirse como deslumbramiento, resplandor, y en un sentido figurado, hechizo.

Adam Harvey introducen elementos de distorsión que
«confunden» a los algoritmos e impiden la creación
automática de la plantilla facial. Se trata en verdad de
una suerte de «contra-tecnología» que en la práctica
funciona de manera imperfecta, puesto que no logra
siempre burlar el sistema.

Robinson Meyer, un periodista de *The Atlantic*,
ha sido el primero en experimentar durante algunas
semanas la utilización en la vida cotidiana de un
diseño de maquillaje con fines de camuflaje[206].
Insertándose él mismo en el cuadro público, y
adquiriendo una visibilidad absoluta en el *meatspace*[207],
su propósito no consistió en verificar la fiabilidad del
maquillaje como escondite de la videovigilancia[208],
sino experimentar lo que sucedía en el plano de
la mirada social. No es aventurado suponer que la
causa inconsciente de este experimento pudiese
rastrearse en el deseo exhibicionista, un deseo que *da
a ver*, y cuya esencia consiste en «hacer aparecer en el
campo del Otro la mirada»[209]. De ese modo, el deseo
exhibicionista «fuerza» la emergencia de esa dimensión
que de lo contrario permanece oculta, reprimida
por el límite que el principio del placer le impone al

---

206. *Cf.* MEYER, R.: "Anti-Surveillance Camouflage for Your Face", *The Atlantic*, 24/07/2014, https://bit.ly/2KeCP39

207. *Meatspace*: término surgido de las novelas de ciencia ficción, que designa el mundo de «carne y hueso», en oposición al mundo virtual. Es el espacio en donde uno hace cosas con el cuerpo, no con el teclado de un ordenador o un *smartphone*.

208. «El mimetismo da a ver algo en tanto distinto de lo que podríamos llamar un él mismo que está detrás. El efecto del mimetismo es camuflaje, en el sentido propiamente técnico. No se trata de concordar con el fondo, sino, en un fondo veteado, de volverse veteadura —exactamente como funciona la técnica del camuflaje en las operaciones de guerra humana—». LACAN, J.: *El Seminario de Jacques Lacan. Libro 11: Los cuatro conceptos fundamentales del psicoanálisis, op. cit.*, p. 106.

209. LACAN, J.: *El Seminario de Jacques Lacan. Libro 16: De un Otro al otro*, Buenos Aires, Paidós, 2008, p. 23.

goce[210]. Es además paradójico que el sistema de RF constituya una mirada de la que no puede haber ninguna experiencia fenoménica alguna, puesto que los dispositivos de captación no poseen el mismo estatuto al que Lacan se refiere cuando asegura que «el mundo es *omnivoyeur*». La materialización técnica de la mirada pertenece a una dimensión de lo real que no se corresponde con lo real del goce que afecta al ser hablante, aunque su expansión pueda producir efectos subjetivos impredecibles. De todos modos, no es nuestro propósito acentuar en este caso lo que de la pulsión escópica puede llegar a satisfacerse, algo que sería más pertinente en el análisis del goce narcisista implicado en el fenómeno de las *selfies*.

Supuestamente invisible para los mecanismos controlados mediante IA, Meyer tuvo la inquietante sensación de transformarse en la mancha que alteraba la «normalidad» imaginaria. «Aquello mismo que te vuelve invisible para las computadoras te convierte en algo que salta a la vista para el resto de los seres humanos»[211]. Pero la fantasía que uno de esos días se desató en Meyer es sin duda lo más interesante de su experimento. Se sintió súbitamente mareado y nauseoso en plena calle, y se le ocurrió entonces pensar qué sucedería si, llevando ese maquillaje, sufriese alguna clase de ataque y se quedase tirado en la acera. ¿Acudiría alguien a ayudarlo, o por el contrario lo evitarían como a un desecho? En condiciones normales sabía que las personas no suelen comportarse de un modo indiferente ante otro que se cae o padece alguna clase de contratiempo. ¿Lo harían con él luciendo un maquillaje que no pasaba desapercibido para nadie?

---

210. *Ibíd.*, p. 231.
211. MEYER, R.: "Anti-Surveillance Camouflage for Your Face", *op. cit.*

Más allá de lo que podríamos interpretar acerca del sujeto Robinson Meyer, importa la experiencia en su conjunto, donde proyectada en la mirada del Otro se encarna la deshumanización ciega de un ojo mecánico para el cual el sujeto Robinson Meyer es tan solo un conjunto de rasgos biométricos instantáneamente comparados con cientos de millones de plantillas algorítmicamente compuestas. Robinson Meyer, en definitiva, es una nueva forma de la división del sujeto, entre un desecho enteramente superfluo y una marca contabilizada en bases de datos que se multiplican de forma exponencial, algo que se conoce ya como *la rueda de reconocimiento perpetua*. La tecnología de RF se convertirá progresivamente en una de las formas privilegiadas de control y dominio de los ciudadanos, y no en el instrumento que vendrá en nuestra ayuda para socorrernos ante las contingencias que amenazan nuestra seguridad.

Pero la metáfora del RF como el plutonio digital no se limita a la utilización de dicha tecnología con fines totalitarios. Entre las numerosas preocupaciones que agitan la discusión entre científicos, tecnócratas, filósofos, sociólogos y psicólogos, una de las más importantes es la reedición de pseudociencias que en el pasado fueron empleadas con fines aberrantes y que en ocasiones llegaron a convertirse en paradigma de la ideología racial practicada y difundida por los alemanes durante el Tercer Reich. Versiones renovadas de estudios disfrazados de lenguaje científico y supuestamente validados por valores estadísticos por completo falsos, logran abrirse camino en publicaciones respaldadas por organizaciones académicas[212]. Pese a ser severamente cuestionadas y denunciadas por

---

212. *Cf.* el controvertido «estudio» de dos académicos chinos de la Shangai Jiao Tong University en https://bit.ly/2qIseGp, o el ejemplo de «ciencia basura» como AI gaydar, una aplicación creada por el Dr. Michael Kosinski

la mayoría de los miembros de las comunidades científicas, estas desviaciones ideológicas que se conocen como «ciencia basura» van encontrando un progresivo alojamiento en muchas de las nuevas tecnologías, en tanto su diseño, empleo, control legal y ético son prácticamente imposibles de regular.

---

para detectar la orientación homosexual de un individuo a través del análisis de su fotografía. https://bit.ly/2K0aehB

Capítulo XXI
Sin ti no soy nada

The proliferation of smartphones represents a profound shift in the relationship between consumers and technology. Across human history, the vast majority of innovations have occupied a defined space in consumers' lives; they have been constrained by the functions they perform and the locations they inhabit. Smartphones transcend these limitations. They are consumers' constant companions, offering unprecedented connection to information, entertainment, and each other. They play an integral role in the lives of billions of consumers worldwide and, as a result, have vast potential to influence consumer welfare —both for better and for worse.

Andrew Sullivan: "Brain Drain: The Mere Presence of One's Own Smartphone Reduces Available Cognitive"[213].

---

213. «La proliferación de *smartphones* representa un cambio profundo en la relación entre los consumidores y la tecnología. A lo largo de la historia humana, la gran mayoría de las innovaciones han ocupado un espacio definido en la vida de los consumidores; han estado restringidas a las funciones que desempeñan, y al ámbito en el que actúan. Los *smartphones* trascienden estas limitaciones. Son compañeros constantes de los consumidores y ofrecen una conexión sin precedentes a la información, al entretenimiento y entre ellos mismos. Juegan un papel integral en la vida de miles de millones de consumidores en todo el mundo y, como consecuencia, poseen un enorme potencial para influir en el bienestar del consumidor, para bien o para mal».

Es probable que Steve Jobs no fuese plenamente consciente de lo que acababa de inventar cuando dio a conocer al mundo la existencia del primer iPhone. Sabía que estaba a punto de producir una tremenda conmoción en el mundo tecnológico, pero aún era pronto para predecir el alcance que supondría. Eso sucedió hace tan solo doce años, y sin embargo en la actualidad tenemos la impresión de que los teléfonos inteligentes han existido siempre, puesto que nos resulta extraño imaginar que alguna vez no hayan estado con nosotros.

Como lo observa Andrew Sullivan, el teléfono inteligente no es un objeto más que se añade a la lista interminable de invenciones técnicas. Posee una característica específica que lo vuelve incomparable a cualquiera de los anteriores: su presencia absoluta y el modo en que nos acompaña en todos los momentos de nuestra vida. En realidad, el *smartphone* tiene poco de teléfono, función que probablemente sea la menos empleada en términos de tiempo medible. Se trata de un ordenador en miniatura que posee una potencia mayor a la de muchos dispositivos informáticos, al punto de que su uso ha superado ya al de los portátiles y las tabletas. El hecho de que su tamaño y su peso lo conviertan en un objeto cómodamente transportable, que cabe en un bolsillo, le añade algo más. No solo la facilidad de poder disponer de un aparato capaz de realizar innumerables funciones, que abarcan prácticamente casi todos los ámbitos de la vida cotidiana de los seres humanos, sino que su pequeño volumen lo dota de una propiedad mágica: la de encarnar de forma material, como nunca antes, las características del objeto *pequeño a*, con el que Lacan teorizó el concepto freudiano de objeto parcial. El *smartphone* es la más extraordinaria y lograda

---

(Publicado en *Journal of the Association for Consumer Research*: Vol 2, No 2, journals.uchicago.edu). (Traducción del autor).

concreción de las «sustancias episódicas» de ese objeto, en especial la mirada y la voz. El incomparable papel que este aparatito ha conquistado no puede explicarse solamente por los indiscutibles servicios que nos presta. Ningún objeto había logrado hasta ahora constituirse en un condensador tan absoluto de la libido. Podemos estar un día entero o más sin coche, sin compañía, sin la familia, sin la pareja, sin ver la televisión, sin leer un libro o sin escuchar la radio. Un día entero sin comer. Muy pocas personas, en cambio, pueden soportar un día completo sin su teléfono móvil. En la lengua inglesa, los *geeks* (personas obsesionadas con la tecnología) suelen usar la expresión "to wean off" [destetar] para referirse al hecho de limitarse en el uso del teléfono.

En 1971, Herbert Simon fue el primero en emplear el término «economía de la atención»[214], para referirse al hecho de que un mundo rico en informaciones se alimenta de un bien muy escaso, que es la atención. La economía de la atención es posiblemente la rama de la economía de mercado capitalista más importante en la actualidad, puesto que toda la producción depende de las técnicas cada vez más sofisticadas para la explotación de una mercancía tan valiosa como proporcionalmente pequeña: la atención humana. El sistema perceptivo es incapaz de procesar la abrumadora cantidad de información que recibe cada segundo. Por ese motivo, la economía de la atención está destinada a extraer el máximo rendimiento posible de esa frágil facultad humana, mediante una sofisticada combinación de estudios sobre el comportamiento de los consumidores y la creación de recursos informáticos capaces de actuar como cebo. A

---

214. FESTRÉ, A. y GARROUSTE, P.: "The 'Economics of Attention': A History of Economic Thought Perspective", *OpenEdition*, 05/01/2015, https://bit.ly/2NCL8rz

partir de internet y del infinito potencial económico que supone el acceso instantáneo a los consumidores, la tecnología de la publicidad ha penetrado aún más en la dinámica del sujeto.

El campo freudiano, con el que designamos el hábitat del sujeto del inconsciente tal como Freud y Lacan lo elaboraron, ya no pertenece solo a los psicoanalistas. Ha sido invadido por un verdadero ejército de ingenieros, filósofos, expertos en la conducta, en la ergonomía, y en toda clase de disciplinas que se ocupan de la felicidad, la motivación y de los mecanismos ocultos que rigen los deseos, las preferencias, los hábitos y las defensas de los seres hablantes. Su propósito es claro: sacar a la luz los resortes que movilizan la atención humana. Aunque no lo sepan desde el punto de vista teórico, intuyen que los dispositivos de comunicación no solo cumplen una función utilitaria.

La tecnología puede muy bien estar el servicio del cumplimiento efectivo de necesidades prácticas indiscutibles. Pero el modo en que ha penetrado en nuestras vidas, o mejor dicho, el modo en que nuestras vidas han sido apresadas con todo nuestro consentimiento en las redes de la tecnología digital, demuestran que hay algo más en juego. Muchos de los que han contribuido a modelar el mundo contemporáneo lo saben, en especial aquellos que comienzan a cuestionar la incidencia de una revolución de la que han sido artífices.

Probablemente a la mayoría de los lectores, el nombre de Justin Rosenstein no les signifique nada. Sin embargo, es nada menos que el ingeniero que en el año 2007 inventó el botón "like" para Facebook. En la actualidad dirige su propia *startup*, destinada a crear ideas para que los usuarios puedan salirse de las redes adictivas del mundo digital. Rosenstein reconoce que —al igual que cualquier otra forma de adicción— la tecnología contribuye a lo que él denomina una «atención parcial constante», es decir, la imposibilidad de concentrarse de manera fija en una tarea, momento o situación. Si el botón *like* tuvo un éxito «salvaje», como su propio creador lo admite, es porque manipularlo aporta algo más que entrar en una supuesta conexión con los otros y establecer un lazo social[215].

Del mismo modo razona Loren Brichter, la inventora del mecanismo "pull to refresh", el gesto de deslizar la pantalla hacia abajo en muchas aplicaciones con el objetivo de actualizar la información. La forma compulsiva de pulsar el *like*, o de refrescar la pantalla permanentemente, aporta, sin lugar a dudas, un goce en sí mismo. Loren Brichter lo capta perfectamente[216]. En su momento, su invención fue un cambio importantísimo en la forma de actualizar la información en muchas aplicaciones. Pero hoy la tecnología de notificaciones *push up* (que envía la información automáticamente sin que el usuario tenga que hacer nada) debería haber vuelto obsoleta la opción *pull to refresh*. Pero no ha sido así. Tristan Harris, un ingeniero que trabajó en Google, lo explica con gran sencillez:

> Cada vez que deslizas hacia abajo la pantalla, es como una máquina tragamonedas. No sabes lo que va a aparecer. Lo que lo hace tan compulsivo es precisamente la posibilidad de la decepción.

Aquí tenemos que admitir que Harris da completamente en el clavo. Su intuición acerca del

---

215. *Cf.* BOSKER, B.: "The Binge Breaker", *The Atlantic*, Noviembre 2016, https://bit.ly/2p4d6CT

216. *Ibíd.*

papel que juega en todo esto la «posibilidad de la decepción», que en nuestros términos definimos como el «menos de goce» que pone en marcha el mecanismo de la repetición, es verdaderamente asombrosa.

La tecnología de la comunicación explota en beneficio de la economía de la atención la compulsión del usuario a chequear constantemente la pantalla de su móvil para verificar si ha recibido alguna notificación o mensaje. ¿Cómo se logra esto? Existen distintas técnicas para inducir el sentimiento de que, si no estamos constantemente atentos al móvil, corremos el riesgo de «perdernos algo». En un sistema que alienta el repudio de toda dimensión de la castración y el convencimiento de que se puede «tener todo», es fundamental asegurar que el sujeto haga del lazo virtual el modo social por excelencia. Esto es particularmente notable en los adolescentes, quienes experimentan la pertenencia a las redes sociales como algo que los incluye en el discurso del Otro, que les proporciona un alojamiento subjetivo.

Por el contrario, la posibilidad de «perderse» algo de la vida grupal puede suponer una fuente de angustia, como cuando un interlocutor los bloquea en el WhatsApp o el Facebook. Jean Twenge[217], que ha estudiado el comportamiento de los adolescentes y el uso de las redes sociales, observa que la tendencia a sentirse solos y excluidos ha aumentado considerablemente. A diferencia de las generaciones anteriores de jóvenes, los actuales salen menos y pasan más tiempo en las pantallas que juntándose con pares en el mundo real. Athena, una adolescente de 13 años, lo expresa con absoluta claridad: «Creo

---

217. *iGen: Why Today's Super-Connected Kids Are Growing Up Less Rebellious, More Tolerant, Less Happy —and Completely Unprepared for Adulthood— and What That Means for the Rest of Us*, Nueva York, Atria Books, 2017.

que nuestros teléfonos nos gustan más que la gente de verdad».

En el año 2005, Brian Wansink (profesor de psicología en la Cornell University) realizó un curioso experimento consistente en reunir a dos grupos de personas en un restaurante y servirles un plato de sopa. La mitad de los comensales tenían un plato que de forma imperceptible se iba llenando a medida que tomaban la sopa, sin que ellos se dieran cuenta. Al final del experimento, quedó demostrado que esas personas habían bebido un 73% más de sopa que los otros, solo por el hecho de ver que seguía habiendo líquido en el plato. Pese a que nos resulta inaudito que una prestigiosa universidad dote de presupuesto a un experimento tan absurdo, bien mirado no lo es tanto. El profesor Wansink solo extrajo una conclusión: que las personas no se basan en las sensaciones de su organismo para seguir consumiendo. Sin saberlo, estaba tanteando en el paradójico terreno de la satisfacción pulsional que, en efecto, ha cortado amarras con el cuerpo biológico. Pero al mismo tiempo, el experimento es una extraordinaria metáfora del sistema mercantil que alimenta el ansia de los consumidores: no podemos parar de tomar sopa, porque el suministro de sopa no puede parar. Aunque desde luego la sopa puede salírsenos por las orejas, la satisfacción no está nunca asegurada, lo cual viene como anillo al dedo para un sistema de producción que se sostiene en la imposibilidad de detenerse ni un minuto y que debe mantener constante el nivel de insatisfacción del consumidor, que al mismo tiempo es incapaz de percibir que no ha parado de tomar sopa y *de que no puede parar de querer* tomar sopa.

Tristan Harris (filósofo además de ingeniero) saltó a la fama en el mundo tec, cuando siendo empleado de Google publicó un memorando titulado: "A Call To Minimise Distraction & Respect Users Attention" [Un llamamiento para minimizar la distracción y respetar la atención del usuario], un alegato contra la manipulación de la voluntad y la elección generada por la industria de la economía de la atención[218]. Harris explica allí cómo la responsabilidad del usuario se ve completamente desarmada ante una infinita variedad de mecanismos técnicos cuidadosamente estudiados para anular la voluntad e incidir en los deseos de los sujetos. La existencia del inconsciente ya no es ningún secreto para Google, Facebook, Amazon y compañías semejantes. Más aún, sus ingenieros saben incluso algo más que eso: han descubierto que el campo freudiano es el campo del goce y que si bien los algoritmos tienen una acción limitada sobre los aparatos de goce del ser hablante, no son completamente inoperantes. Por el contrario, consiguen tocar los resortes pulsionales e incidir en sus circuitos. No lo hacen siguiendo un protocolo genérico, sino a la medida del individuo. Mediante el rastreo de las interacciones de un determinado usuario, los algoritmos de Facebook pueden recrear instantáneamente su estado de ánimo. Esa información granular le permite al sistema «aprender» cuáles son los botones que debe pulsar para «tocar» el goce del sujeto.

Andrew Lepp, Jacob Barkley y Aryn Karpinski, investigadores del College of Education, Health and Human Services de la Universidad de Kent, han publicado un estudio según el cual el uso frecuente de los *smartphones* en los jóvenes tiende a crear un mayor nivel de angustia y un menor grado de satisfacción en la vida, en comparación con aquellos de sus pares que los utilizan menos. Con todo respeto

---

218. Véase: http://www.tristanharris.com/essays/

por la Universidad de Kent y sus investigadores, la correlación establecida probablemente deba ser puesta patas arriba. Es la angustia y un desmedro del goce lo que determina que muchos jóvenes se encuentren secuestrados por la adicción al uso de los dispositivos. Sería como pensar que las personas adictas a la comida tienden a experimentar mayores niveles de angustia que aquellas que siguen una alimentación razonable. Esta clase de investigaciones muestran, al mismo tiempo, que la demonización de la técnica puede llegar a ser tan improductiva y absurda como su idealización.

Lo que solemos denominar discurso científico-técnico es en verdad una soldadura que empieza a derretirse. De forma progresiva, vemos desplegarse dos paradigmas contrarios, que expresan dos concepciones distintas. Ciencia y técnica comienzan a transitar caminos separados, puesto que el principio de imposibilidad que rige para la ciencia no tiene cabida en el discurso de la técnica. Por otra parte, ciencia y técnica se oponen en lo referente a la temporalidad. Mientras la verdadera ciencia progresa lentamente, la técnica avanza de forma acelerada y hace de la velocidad uno de su máximos postulados. Ese alejamiento entre ciencia y técnica viene reforzado por el hecho de que esta última genera en la actualidad el mayor porcentaje de la riqueza en la economía mundial. La tecnología persuasiva, que utiliza todos los recursos de la ingeniería computacional y su alianza con los métodos cognitivo-conductuales, se emplea a fondo para que la economía de la atención consiga sus mayores dividendos. Tal vez para aliviar las conciencias de sus trabajadores, empresas como Google y Facebook los estimulan a que practiquen el *mindfulness* y otros ejercicios «espirituales».

Curiosamente, mientras la economía de la atención se convierte en el motor fundamental del mercado, es importante insistir en que el llamado TDAH atraviesa un alza inflacionaria nunca antes conocida, para mayor beneficio de la *Big Pharma*, que también posee enormes intereses en esta rama de la economía. Tal vez no sea una casualidad que este supuesto trastorno se multiplique de forma exponencial en una era en la que se disemina un mensaje esquizofrénico: la oferta de toda clase de innovaciones que permiten la realización simultánea de varias tareas (*multitasking*), la posibilidad de «surfear» metonímicamente por las redes sociales, los chats, las páginas «de lectura rápida», en suma, el reino de la distracción constante, y a la vez se procure secuestrar la atención del usuario para convertirlo en un *target* de ventas.

Algunos «arrepentidos» de Silicon Valley, sintiéndose culpables de haber contribuido a crear un sistema algorítmico capaz de sondear en los mismos circuitos «por los cuales la gente busca comida, droga, sexo, alcohol», como confiesa Tristan Harris[219], tratan ahora de crear una «conciencia» muy peculiar: diseñan aplicaciones para reducir la adicción a las aplicaciones, y por las dudas, apuntan a sus hijos a colegios de élite en los que el uso de móviles, tabletas y *laptops* está totalmente prohibido.

No es muy seguro que la prohibición vaya a resolver un goce que amenaza con desbocarse, ni a impedir que seamos objetos consumidos por el mercado. La tecnología no solo no habrá de remitir, sino que su avance es cada vez más rápido, según lo demuestra la ley de Moore. Por lo tanto, debemos aprender a convivir con estos nuevos síntomas y a encontrar un modo de tratarlos, a sabiendas de que

---

219. Véase: http://www.tristanharris.com/essays/

solo hay una vía de inicio, aunque no sepamos a dónde habrá de conducirnos. Pero todo empieza por saber cuál es el uso que cada uno hace de su pequeño objeto *a*, y el lugar que cumple en la economía de su fantasma inconsciente.

Capítulo XXII

Un disfraz precario llamado oportunidad

You've got to be prepared to take care of yourself[220]*.*

Farai Chideya, *The episodic career.*

Un artículo sin firma patrocinado por la banca J. P. Morgan apareció en la edición digital del periódico *The Atlantic* bajo el título "The next episode" [El próximo episodio][221]. Escrito en el ya conocido estilo sentimental del *storytelling*, comienza relatando la historia de una mujer de mediana edad que a lo largo de su vida laboral atravesó cuatro etapas en áreas completamente diferentes, aunque —como la misma protagonista lo aclara— todas ellas caracterizadas por un factor común: la dedicación a los demás. A partir de esa primera historia (el artículo en cuestión incluye otras), el autor afirma que:

---
220. Prepárate para cuidar de ti mismo.
221. Véase: https://bit.ly/32yyvSE

Los expertos coinciden en que la era en la cual los trabajadores podían con toda razón esperar —o incluso desear— un empleo de por vida en un mismo trabajo, es una reliquia del pasado.

Avalado por datos y factores que reflejan una realidad cuya percepción no requiere la capacidad de ningún experto, el articulista (no olvidemos la procedencia del escrito) nos introduce poco a poco en lo que sin disimulo alguno califica como una «nueva normalidad»: la carrera laboral no-lineal, sino convertida en una aventura a salto de mata, es el signo de los tiempos actuales; más aún, esta situación histórica no solo afecta a los llamados *millennials* en su etapa de entrada al mercado laboral, sino también a personas de toda edad para el resto de sus vidas. Esa es la tendencia a la que debemos habituarnos y, mejor aún, adaptarnos, si queremos sobrevivir. La expresión *the new normal* [nueva normalidad] se ha convertido en un sintagma corriente en el discurso neoliberal. A fuerza de repetirse en innumerables y diferentes contextos, se busca que los ciudadanos introyecten y asuman como un estado natural lo que en principio debería despertar una conmoción social y una revuelta contra ese agravio a las condiciones de vida. «La nueva normalidad» pretende exactamente eso: normativizar decisiones políticas que obedecen a los intereses del poder como si fuesen acontecimientos que caen del cielo o que resultan de transformaciones irremediables a las que no tiene sentido alguno oponerse, ya que «suceden» debido a la acción de fuerzas misteriosas. Son «cambios» que debemos aceptar sin cuestionarlos; se trata de desarrollar las habilidades necesarias para la supervivencia bajo condiciones de profunda inestabilidad. Todo análisis crítico queda de este modo descartado. El objetivo es la desmotivación política y la resignación a la idea de que los hechos son incuestionables, como lo son las leyes de Darwin sobre la evolución de las especies. Habiendo perdido de forma casi definitiva su función política, el Estado se convierte en administrador, gestor y supervisor de la fabulosa industria del riesgo, impulsada por el pacto de alianza entre la tecnociencia y los capitales transnacionales, consistente en convertir el riesgo simultáneamente en un objeto de consumo, un terror al que obedecer y una cruzada de salvación. En este punto, uno no puede menos que percibir la inversión del proceso sublimatorio que, a juicio de Lacan constituyó una de las más extraordinarias creaciones de la cultura: el temor de Dios, capaz de «reemplazar los temores innumerables por el temor de un ser único. [...] Fue necesario que alguien lo inventase, y propusiese a los hombres como remedio a un mundo hecho de terrores múltiples [...]»[222]. La «sociedad del riesgo», por el contrario, devuelve al sujeto contemporáneo al sentimiento más primitivo del desamparo ante una multiplicación de peligros que a su vez son cuidadosamente promocionados y difundidos. El riesgo habrá de ser medido, pronosticado, tasado, incluso matematizado en unidades de valor, para finalmente convertirse en argumento fundamental de las estrategias económicas, militares, policiales, sanitarias y judiciales.

Es preciso que el sujeto se domestique en el reconocimiento y la aceptación de que su vida está definitivamente asediada por innumerables peligros reales de los que debe ser protegido por políticas que —lamentablemente pero por su propio

---

222. LACAN, J.: *El Seminario de Jacques Lacan. Libro 3: Las psicosis*, Barcelona–Buenos Aires, Paidós, 1985, p. 381.

bien— lo obligarán a una progresiva pérdida de sus derechos y libertades. Tras esta política de *shock*, que ha surtido el efecto de provocar una rendición de armas, comienza una nueva estrategia, que introduce un mensaje pretendidamente neutral y sin responsabilidad alguna en la realidad que se limita a retratar. Esta nueva estrategia es lo suficientemente astuta como para pertrecharse de una narrativa humanista, destinada a ofrecer argumentos para no desanimarnos y emprender una actitud *positiva* (significante amo decisivo, que jamás debe faltar en el lenguaje del buen sujeto) ante los actuales desafíos de la época. Esos argumentos para convencernos de que nuestra vida errática y de que nuestro presente y porvenir migratorio es algo a lo que debemos sensatamente prepararnos, están perfectamente articulados. Analicemos los principales:

El ideal del yo que rige esta «nueva normalidad» se caracteriza por auspiciar una subjetividad «flexible». La «flexibilidad» es una de las mayores virtudes que puede exhibirse en un currículum ejemplar del mundo líquido. Ser «flexible» significa —entre otras cosas— no persistir demasiado en posiciones anticuadas como los derechos laborales, las reinvindicaciones salariales, la disponibilidad horaria y —desde luego— la movilidad. El trabajador ideal es aquel que está siempre dispuesto a consentir a la demanda del Otro y que no opondrá resistencia a ser trasladado a cualquier destino que la empresa solicite.

Cualquiera sea la estrategia adoptada para el logro de una exitosa adaptación a la realidad actual, jamás debe apoyarse ni en la expectativa social ni en la acción conjunta ciudadana. Eso está definitivamente pasado de moda. Constituye un recurso propio de gente que carece de imaginación, de iniciativa y de espíritu de lucha, gente que está destinada al vertedero de los perdedores. La única respuesta admisible debe partir exclusivamente del impulso individual. Incluso una autora que no es indiferente a la injusticia reinante y que alerta contra el grave curso del capitalismo actual, como es el caso de Farai Chideya[223], escribe exitosos *best-sellers* en los que recuerda que nadie vendrá a rescatarnos, y que más vale no pecar de ingenuos e imaginar que la historia será reversible. Asumámoslo de una vez: de los restos humeantes de la socialdemocracia jamás veremos renacer aquella ideología en la que se supone que el Estado debe velar por el bienestar de sus habitantes.

Una identidad mutante y plástica, capaz de adaptarse a la caducidad programada de las condiciones de vida y dispuesta a emprender el camino de la errancia existencial, laboral y social, debe ser fundamentalmente una no-identidad. Una no-identidad es el objetivo último del nuevo paradigma sociopolítico, que es al mismo tiempo el de una ideología que solo funciona mediante el binario «lo mío-lo ajeno», siendo lo ajeno lo que evidentemente amenaza con apropiarse de lo mío. Una no-identidad se construye mediante una retórica que hace de la globalización una suerte de lengua universal despojada de historia y, fundamentalmente, desarraigada de toda adherencia libidinal a su propia historicidad. El reverso de este siniestro proceso es el auge reactivo de los delirios nacionalistas, que ofrecen una suerte de compensación identitaria a aquellos que no logran asimilarse a la espiritualidad algorítmica.

La no-identidad funcional (es importante destacar dicha funcionalidad, a distinguir de cualquier forma clínica de despersonalización) se promociona como la gran oportunidad que el sistema nos ofrece para

---

223. CHIDEYA, F.: *The episodic career*. Nueva York, Atria Books, 2016.

que los sujetos preparados para la supervivencia y la conquista del éxito experimenten como una experiencia enriquecedora aquello mismo que los sujetos moralmente débiles perciben como precariedad. El sujeto no-identificado no es exactamente alguien que carece de referentes. Los toma de los significantes amo que el discurso neoliberal dispersa a través de sus medios, pero lo fundamental es que se trata de un sujeto que no reconoce deuda alguna, puesto que se constituye por fuera de la alienación a las formas tradicionales por las que se transmite el Nombre del Padre. Se debe a sí mismo y su des-identidad lo prepara para condescender a la indeterminación cronificada, a la nueva servidumbre disfrazada de carrera en episodios. Como lo expresa el anónimo autor del texto citado,

> [...] se trata de un viaje entre episodios, con experiencias que informan y se superponen, creando todas juntas oportunidades de crecimiento y un nuevo potencial de realización.

En una breve frase, los significantes amo «experiencia», «oportunidad», «crecimiento» y «realización» se articulan hábilmente para convertir una época desdichada en la promesa de una vida alejada de la monotonía y entregada a la emoción de lo nuevo.

De entre todos los significantes amo que el discurso neoliberal emplea en su programa de gestión existencial, hay uno que adquiere un protagonismo cada vez mayor: *innovación*. La innovación es uno de los valores fundamentales de *marketing* que debe ser plenamente introyectado por el sujeto moderno. Hace pareja con la *caducidad*, una categoría de la mercancía que también es preciso extender a la vida en su conjunto. La innovación es el lema, la brújula, la guía espiritual y material de la sociedad contemporánea. Que viejas representaciones tradicionales puedan convivir con esta tendencia no constituye una contradicción, sino más bien una transición histórica en la que la declinación del Nombre del Padre no ha alcanzado aún su noche definitiva. Pero el discurso disemina por doquier un mensaje que cobra estatuto de imperativo: lo que no cambia, está destinado a desaparecer. Que se trate de un mito no impide, como todos los mitos, que gobierne una gran porción de la subjetividad contemporánea. Es preciso innovar y renovarse, porque el mecanismo del mercado se basa en la obsolescencia programada indispensable para asegurar esa repetición que asegure la demanda. De allí que, de las tres instancias psíquicas postuladas por Freud en su segunda tópica[224], el superyó se ha convertido en la que secretamente rige la lógica del sistema. Las exigencias del ello, aprisionadas y reelaboradas por el superyó, fueron descriptas por Freud como generadoras de un tormento circular, un circuito feroz que se retroalimenta, y que nuestra clínica verifica cotidianamente.

Cuando trasladamos esa dinámica al plano del lazo social, advertimos que los sujetos, al igual que las corporaciones económicas y políticas, se enfrentan al deber de batir récords que de inmediato tendrán que ser superados, mientras sobrevuelan presas del pánico sobre el escenario de la caída, la desaparición, el destierro al no mundo que supone la pérdida definitiva de cuota de mercado. Esta suerte de ingeniería social que incentiva lo que Freud calificaba como «servidumbres del yo», se sostiene en la nueva forma que adopta el milenarismo mesiánico en

---

224. Las tres instancias psíquicas de la segunda tópica postulada por Freud son: Ello, yo y superyó.

Occidente, concepción global de la historia inspirada en el mito del progreso científico técnico ilimitado. La cínica pero progresivamente admitida fórmula de que la inestabilidad es en verdad un estímulo para la innovación, que trasladarse de empleo en empleo, de ciudad en ciudad, de especialización en especialización, es en realidad un proceso de «crecimiento personal», «enriquecimiento vivencial», una oportunidad para hacer nuevos lazos, desembarazarse de las ataduras de lo rutinario, emprender una vida renovada, constituye una retórica a la que los sujetos deben habituarse para contemplar el mundo desde una perspectiva positiva. Del mismo modo que en una cadena de producción un escáner selecciona automáticamente las piezas defectuosas para su descarte, el sistema no puede retrasar su velocidad de expansión con individuos inadaptados a las condiciones actuales del mercado, por lo cual se recomienda deshacerse de ellos. La fabricación de los bienes de consumo inventados en los países ricos ha sido trasladada a los países pobres. Es una de las enormes ventajas financieras que se hizo posible gracias a la globalización. El paso siguiente fue convertir ese modelo de producción en una filosofía de vida.

Del mismo modo que las mercancías atraviesan complejos recorridos y la plusvalía generada se declara en zonas de baja imposición tributaria, el sujeto del mercado también habrá de seguir un recorrido no-lineal y en ocasiones extra-territorial. Como el lenguaje es imprescindible, se han creado distintos sintagmas que permiten nombrar eufemísticamente esa emocionante y azarosa trayectoria. Tal vez uno de los más asombrosos es el llamado «contrato fijo discontinuo», un oxímoron que describe un tipo de contrato supuestamente fijo, pero que se interrumpe constantemente durante diferentes períodos de tiempo, en los cuales no se percibe ninguna clase de remuneración ni cobertura social. Es actualmente algo bastante codiciado en ciertas partes del mundo, como es el caso de Japón, donde el número de *freeters* (neologismo que designa a aquellas personas que escogen la presunta libertad de vivir con sus padres y trabajar de tanto en tanto en empleos precarios, con muy baja retribución salarial, todo ello en el marco de una ausencia absoluta de cualquier proyecto vital) supera los doce millones de individuos. Los *freeters* (o *furitas* en la lengua japonesa) son el reverso del sujeto migratorio: encarnan un modo de fijación de goce despojado del más mínimo atisbo de deseo. No desear representa para ellos la realización de la libertad, una libertad delirante y subvencionada por los padres. No desear es la expresión del más absoluto repudio a cualquier forma de responsabilidad y compromiso: creyendo desasirse así de toda atadura, doce millones de individuos son presa de un goce incestuoso y habitualmente asexuado.

La trayectoria laboral en episodios no puede imponerse solo mediante la fuerza bruta ejercida sobre las nuevas generaciones de trabajadores. Es preciso implementar una narrativa capaz de convertir el «esto es lo que hay» en una maravillosa oportunidad para descubrir otras avenidas que conducen a desafíos desconocidos, pero que prometen una «reinvención» subjetiva. Para ello existen expertos y asesores, que ofrecen sus servicios de coaching para ayudar a que las personas puedan crear un argumento capaz de dar sentido a los movimientos migratorios del sujeto mercantilizado.

Lauren Laitin, fundadora y directora de *Parachute*

Coaching[225], se especializa en ayudar a la gente a intercalar sus aventuras en el mundo laboral con aspectos de su vida personal, organizar el *script* «que vincule los episodios entre experiencias e historias dispares, al tiempo que se acentúan las habilidades transferibles». El objetivo es «desarrollar una historia clara y honesta que de sentido a esta transición». Los empleadores, afirma Laitin, quieren saber dos cosas: «Que uno será capaz de llevar a cabo el trabajo, y que va a estar encantado con él». Cuando más pueda responder la buena historia a estas dos cuestiones, habrá más probabilidades de ser aceptado, incluso aunque el cambio de empleo sea «no convencional» (es decir, disparatado o diletante). Aquí es donde la forma ultramoderna del capitalismo muestra uno de sus maravillosos trucos: el empleo de herramientas que alcancen el plano emocional. Del objeto a la marca, y de la marca a la historia, el discurso ha realizado un cambio de estrategia que traslada a la gestión del mercado laboral. Si en los inicios de la revolución industrial el acento estaba puesto en la mercancía en sí misma, con el paso del tiempo fue descubriéndose que la marca supera el valor de la mercancía.

En la actualidad el significante de la marca no es suficiente, y la literatura de las emociones debe «envolver» tanto el producto como la marca, al punto de que a menudo los relatos publicitarios audiovisuales son tan conmovedores que el espectador puede llegar a olvidar por un momento qué es lo que se le está vendiendo. A la vista de los excelentes resultados, el *storytelling* aprovecha la retirada de los grandes relatos sociales para introducir la epopeya individual, que habrá de aplicarse para disfrazar la inhumanidad del sistema y presentarlo como un viaje estimulante,

---

225. Véase: https://www.parachutecoaching.com/

donde la incertidumbre es un ingrediente que se añade al desafío de lanzarse al abismo, ese abismo donde la sabia mano del mercado, cual ángel salvador, habrá de venir a nuestro rescate. Lo fundamental es no perder de vista el objetivo último: convencer de que, si uno está lo suficientemente entrenado en las habilidades adaptativas, las reglas del mercado no serán incompatibles con la felicidad individual.

Uno de los aspectos más interesantes de toda esta fantasmagoría necesaria para la adecuada digestión de la «nueva normalidad» es la progresiva sustitución de las técnicas cognitivo-conductuales por el *coaching* inspirado en las filosofías orientales. En los Estados Unidos las grandes corporaciones emplean cada vez más a gurús que imparten talleres y seminarios de espiritualidad budista y zen. Las compañías de internet que ofrecen esta clase de servicios (convertidos en *trending* en el área de Silicon Valley, pero que van extendiéndose por doquier) se han multiplicado por centenares en los últimos años. Nada como un buen batido de algoritmos, *mindfulness* y yoga para reponer fuerzas en la apasionante «carrera no-lineal».

Y que gane el mejor...

Epílogo

por Juan de la Peña

Cerrar un libro tiene algo de despedida, de entonación simbólica de un adiós. Pero también de su contrario. Pues al plegar las tapas que encierran ese amasijo de negro sobre blanco se abre en nuestro corazón una puerta que da paso a la llegada de algo nuevo. De esta manera, cerrar un libro también supone una incorporación y una bienvenida. La que damos a aquello que hasta ese preciso instante se había mantenido por fuera de nosotros, sobrevolándonos, hablándonos de esto y de aquello, sin terminar de hacerse nuestro. Aquello que por un tiempo se desplegó entre la voz y el pensamiento, entre el Otro y el propio sujeto. Cuando cerramos un libro, aquella exterioridad que durante la lectura se instaló en nuestra existencia impidiéndonos distinguir entre lo propio y lo ajeno pasa a incorporarse a nuestras vidas como un elemento más con el que recubrir nuestra incompletud. Ese es el motivo por el cuál cerrar un libro tras haberlo leído no es un acto sin más. Es un antes y un después. Un adiós y una bienvenida. Una alienación, una separación y una nueva incorporación al universo de lo más íntimo de cada uno de nosotros.

Conozco a Gustavo desde hace tiempo. Lo suficiente como para decir que su voz me resulta familiar. La he leído y la he escuchado muchas veces. De hecho, no es algo personal, Dessal es una voz respetada y autorizada, una de esas voces que la gente desea escuchar en este mundo repleto de voces, de estruendosas voces, de voces que se pelean por ser escuchadas, de voces que no tienen nada que decir, de voces repetitivas y automáticas, de voces estereotipadas y uniformes. Digamos que Gustavo tiene voz propia. Eso es una excepción, por muy hiperbólico que parezca.

Le he escuchado decir que, en su fervor juvenil, el rock y la literatura le atraparon sin remedio. Seguramente de ese síntoma no se cure jamás, y mejor que no lo haga. Sin embargo, la relación familiar al saber le condujo por otros derroteros. Tras un encuentro fortuito, en el psicoanálisis encontró un lugar desde el cual aproximarse de una manera especial al saber, alejado de dogmatismos y sin dejar que marchitara en su interior el espíritu artístico y letrado que la juventud le había inoculado. Por eso me atrevo a decir que Gustavo tiene muchas profesiones. La de escritor, la de politólogo, la de sociólogo, la de psicólogo del *pathos* y psicopatólogo. También la de psicoanalista, si es que eso es profesionalmente aceptable. En definitiva, si me permiten, toda una serie de profesiones del alma que si uno logra dotarlas de un buen compás y una melodía rompedora, estará más cerca de conducirlas a la cima creadora donde son capaces de ascender el músico, el poeta, el loco e incluso el analizante.

Su libro huye de la nostalgia, el moralismo y la

buena educación para los tiempos modernos. Su libro habla de una nueva realidad que va mucho más rápido de lo que somos capaces de pensarla. Una realidad que ha cambiado el mundo, se ha infiltrado en nuestras vidas y que, en cierto modo, nos avisa de que el futuro no podrá pensarse sin tener en cuenta la fuerza de su empuje, los efectos que va produciendo y el panorama al que aspiran sus grandes anhelos. El avance tecnológico ha precipitado una transformación constante y permanente de la sociedad, algo que a Gustavo, como buen analista, le ha hecho preguntarse por los efectos que esta ha producido en la subjetividad moderna.

Hubo un momento en el que la técnica se desligó de la noble ciencia para convertirse en el amo de la época. Un amo sin freno y demasiado alocado. Un amo que sometió el orden de la ciencia y doblegó al ser hablante para ponerlo a sus pies. El golpe definitivo lo asestó de la mano del capitalismo, de tal forma que la deidad dio paso a la tecnología como principio rector de nuestras vidas. Después llegaron las consecuencias. Esto es, a nuevos amos, nuevas creencias y renovadas servidumbres. ¿Que hasta dónde nos llevará? No es posible adelantar un final. Aún no hay nada dicho sobre los límites de la técnica. Aunque, en principio, los ideólogos y gurús tecnológicos, los oráculos de esta nueva era aspiran a la eternidad, a la infinitud. Ellos no tienen límite alguno. Mientras tanto, lo que parecen ir sembrando por el camino es una peligrosa acumulación de poder y datos en ciertas minorías, una nueva forma de segregación y alienación, un nuevo orden de sometimiento, vigilancia y control, la fascinación por la cuantificación, así como el espectro latente que amenaza con disolver lo humano, lo más propio e íntimo del ser humano: su incompletud, su finitud. Con otras palabras, abonarnos a la estupidez. Así que, a los más ingenuos, conviene recordarles que desde hace un tiempo andamos con las máquinas detrás de los talones. Eso es una realidad inapelable. No es ninguna especulación.

Otra cosa es el futuro. ¿Será verdad, como algunos predicen, que dentro de un tiempo la técnica logrará transformarnos en máquinas? ¿Llegarán las máquinas a ser humanas? Sea cual fuere la respuesta, en el presente más inmediato, la técnica nos invita a que vayamos despidiéndonos del Padre, de la genealogía y de la trasmisión entre generaciones; a que digamos adiós a las diferencias o incluso a elegir de qué lado queremos situarnos en la diferencia; a olvidarnos del momento de dar el paso, de elegir por ejemplo una pareja, a que nos olvidemos de fallar y acertar al mismo tiempo; nos invita a olvidar al Otro, el amor y la amistad y a ser Uno con el objeto, con sus propios objetos; pero sobre todo, el nuevo amo tecnológico nos empuja a gozar de sus productos innovadores y sus promesas, de una manera autómata y homogénea. Mientras en su horizonte se planea el apocalipsis y el advenimiento de una nueva era, conviene estar advertidos de que la máquina ya está en marcha. Preguntémonos entonces por cómo es esa máquina en nosotros y cómo hemos cambiado dentro de la maquinaria, antes de vernos devorados sin remedio. Hagámoslo antes de que se cumpla en cada uno de nosotros esa visión profética acerca de los efectos de la «industria» sobre la subjetividad que entonara Pink Floyd en uno de sus más legendarios discos:

Epílogo

Welcome my son; welcome to the machine.
Where have you been?
It's alright, we know where you've been (...)
Welcome my son; welcome to the machine.
What did you dream?
It's alright, we told you what to dream (...)
So welcome, to the Machine[226].

Después de leer este libro no hay más excusas. Con Gustavo Dessal e *Inconsciente 3.0* podemos decir que, al menos, La Otra psiquiatría ya está advertida.

---

226. Bienvenido hijo mío; bienvenido a la Máquina. ¿Dónde has estado? Está bien, sabemos dónde has estado (...) Bienvenido hijo mío; bienvenido a la Máquina. ¿Qué has soñado? Está bien, nosotros te dijimos lo que soñar. Así que bienvenido, a la Máquina. (Texto extraído y traducido de la letra de la canción *Welcome to the Machine* del disco de Pink Floyd del año 1975 *Wish you were here*.

Acerca del autor

Gustavo Dessal (Buenos Aires, 1952). Psicoanalista y escritor. Reside en Madrid desde 1982. Miembro de la Asociación Mundial de Psicoanálisis y docente del Instituto del Campo Freudiano en España. Profesor invitado en España, Argentina, Brasil, Italia, Francia, Inglaterra, Estados Unidos, Irlanda, Rumanía y Polonia. Ha publicado más de cien artículos de psicoanálisis en revistas especializadas y de cultura en Argentina, Estados Unidos, España, Francia, Inglaterra, Irlanda, Venezuela y Brasil. Ha compilado los volúmenes *Las ciencias inhumanas* (Barcelona, 2009); *Psicoanálisis y discurso jurídico* (Barcelona, 2015); *Jacques Lacan. El psicoanálisis y su aporte a la cultura contemporánea* (junto con Miriam Chorne, Madrid, 2017)
 Autor junto con Zygmunt Bauman de *El retorno del péndulo* (Madrid-Buenos Aires, 2014).
 Es también escritor de ficción. Ha publicado: *Operación Afrodita y otros relatos* (Madrid, 2004);

Más líbranos del bien (Madrid, 2006); *Principio de incertidumbre* (Barcelona, 2009); *Clandestinidad* (Buenos Aires, 2010); *Demasiado rojo* (Valencia, 2012); *Micronesia* (Buenos Aires, 2014); *Surviving Anne* (Londres, 2015); *El caso Anne* (Buenos Aires, 2018).

Ha sido traducido al inglés, francés, italiano, portugués, rumano y polaco.

Colaborador habitual en medios de prensa españoles y argentinos.

www.ingramcontent.com/pod-product-compliance
Lightning Source LLC
Chambersburg PA
CBHW030937240526
45463CB00015B/102